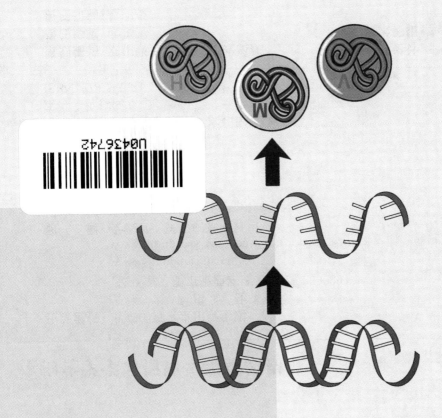

著 王红

# 生物化学习得与学业辅导

CHENGWU HUAXUE XUEDE YU XUEYE FUDAO

# 图书在版编目(CIP)数据

生物化学学习指导与实验教程/李红主编. —合肥:安徽大学出版社,2019.9
ISBN 978-7-5664-1874-6

Ⅰ.①生… Ⅱ.①李… Ⅲ.①生物化学－医学院校－教育－教学参考资料 Ⅳ.①Q5

中国版本图书馆 CIP 数据核字(2019)第 107443 号

## 生物化学学习指导与实验教程

李红 主编

出版发行:北京师范大学出版集团
　　　　　安徽大学出版社
　　　　　(安徽省合肥市肥西路 3 号 邮编 230039)
　　　　　www.bnupg.com.cn
　　　　　www.ahupress.com.cn
印　　刷:安徽省人民印刷有限公司
经　　销:全国新华书店
开　　本:184mm×260mm
印　　张:15.75
字　　数:274 千字
版　　次:2019 年 9 月第 1 版
印　　次:2019 年 9 月第 1 次印刷
定　　价:39.00 元

ISBN 978-7-5664-1874-6

策划编辑:刘中飞 明章飞 武溪溪　　　　　　　　封面设计:李 军
责任编辑:武溪溪　　　　　　　　　　　　　　　　责任校对:李 军
责任印制:赵明炎　　　　　　　　　　　　　　　　美术编辑:李 军

**版权所有　侵权必究**

反盗版、侵权举报电话:0551—65106311
外埠邮购电话:0551—65107716
本书如有印装质量问题,请与印制管理部门联系。
印制管理部电话:0551—65106311

# 水生蔬菜学

主编 李式军
副主编 柯卫东
编委 李式军 柯卫东
孔庆东 刘义满 孙亚林
李良俊 江解增 周培根
（以姓氏笔画为序）

# 前言

本书是全国医药院校药学类与食品类专业"十三五"规划教材,是普通生物学教材的配套用书。编写人员均来自教材主编单位及主要参编单位的生物学教研室及长期从事生物学教学工作的老师,并根据各自教学和科研情况及使用的教材情况进行了编写分工,并最后由主编和副主编统稿和审定。

本书内容是根据教材章节顺序,共分十五章,每章主要由五个部分组成,即"教学大纲""教学要点""学习指导""例题分析""练习题库"。第一部分"教学大纲",是指各章的教学内容、教学目标和教学要求;第二部分"教学要点",概括和提炼各章节的内容要点,根据教材知识点条理化,重点突出,有助于读者清晰所学内容的主要知识点;第三部分"学习指导",以方便读者自学为主要目标,可作为教师备课及学生学习之用,并增加了"疑难解析",对教材中的难点、疑点进行分析和归纳,旨在帮助读者更加准确地理解和掌握教材内容;第四部分"例题分析",根据教材的内容,精选一些有代表性的题目,可供读者学习时借鉴和参考;第五部分"练习题库",从不同方面列出了与教材章节紧密相关的各类题目,可供读者学习时练习和自我测试。

本书在编写过程中,得到了参加本书编写各位老师的鼎力支持,在此特向参加本书编写工作的诸位老师表示衷心的感谢。

由于编者水平所限,加上时间仓促,疏漏和不足之处在所难免,恳请广大师生和读者批评指正,并提出宝贵意见,以便本书得到进一步完善和提高。

李 红
2019 年 5 月

# 目录

## 第一部分 学习指导

第一章 蛋白质的结构与功能 …………………………………… 3
第二章 核酸结构与功能 …………………………………… 12
第三章 维生素 …………………………………… 20
第四章 酶 …………………………………… 24
第五章 生物氧化 …………………………………… 35
第六章 糖代谢 …………………………………… 43
第七章 脂类代谢 …………………………………… 54
第八章 蛋白质分解代谢 …………………………………… 65
第九章 核苷酸代谢 …………………………………… 81
第十章 DNA 的生物合成 …………………………………… 85
第十一章 RNA 的生物合成 …………………………………… 89
第十二章 蛋白质的生物合成 …………………………………… 95
第十三章 基因表达调控 …………………………………… 102
第十四章 细胞信息转导 …………………………………… 106
第十五章 世界生物化学 …………………………………… 109

## 第二部分 实验教程

第一章 生物化学实验技能基本要求 …………………………………… 121
第二章 生物化学实验技能基本操作 …………………………………… 124
第三章 蛋白质类测定 …………………………………… 130
实验1 蛋白质的呈色反应和等电点测定 …………………………………… 130

实验 2 蛋白质的两性反应及等电点的测定 ……………………………………… 132
实验 3 蛋白质沉淀与变性 …………………………………………………………… 135
实验 4 血清总蛋白测定（双缩脲法）……………………………………………… 139
实验 5 血清白蛋白测定（溴甲酚绿法）…………………………………………… 142
实验 6 血清蛋白质醋酸纤维薄膜电泳 …………………………………………… 143
第四章 分子生物学实验 ……………………………………………………………… 147
实验 1 酵母 RNA 提取与组分定性鉴定实验 ……………………………………… 147
实验 2 动物组织 DNA 的提取与检测 …………………………………………… 150
第五章 酶学测定 …………………………………………………………………… 153
实验 1 影响酶的一些反应因素的酶促反应 ……………………………………… 153
实验 2 碱性磷酸酶的米氏常数测定 ……………………………………………… 158
实验 3 血清丙氨酸氨基转移酶（ALT）测定 …………………………………… 160
实验 4 血清碱性磷酸酶（ALP）测定 …………………………………………… 164
实验 5 血清淀粉酶（AMS）测定（碘-淀粉比色法） …………………………… 167
实验 6 血清肌酸激酶测定 ………………………………………………………… 169
实验 7 血清乳酸脱氢酶测定 ……………………………………………………… 171
第六章 糖类测定 …………………………………………………………………… 174
实验 1 血清葡萄糖测定（GOD 法）……………………………………………… 174
实验 2 糖耐量实验 ………………………………………………………………… 176
实验 3 糖化血清蛋白测定 ………………………………………………………… 178
实验 4 全血乳酸分光光度法测定 ………………………………………………… 178
第七章 血脂、脂蛋白测定 ………………………………………………………… 182
实验 1 血清总胆固醇（TC）测定（CHOD-PAP 法）…………………………… 182
实验 2 血清三酯甘油（TG）测定（乙酰丙酮显色法）………………………… 184
实验 3 血清高密度脂蛋白胆固醇（HDL-C）测定 ……………………………… 187
实验 4 血清低密度脂蛋白胆固醇（LDL-C）测定 ……………………………… 189
第八章 无机离子测定 ……………………………………………………………… 191
实验 1 血清钾、钠、氯、钙的测定（电极法） …………………………………… 191
实验 2 血清总钙测定 ……………………………………………………………… 193
实验 3 血清镁测定（甲基麝香草酚蓝比色法）………………………………… 195
实验 4 血清铁测定（原子吸收分光光度法）…………………………………… 197
第九章 非蛋白质含氮化合物测定 ………………………………………………… 200
实验 1 血清尿素测定（脲酶比色法）…………………………………………… 200

| | |
|---|---|
| 实验2 血清肌酐测定 | 202 |
| 实验3 血清尿素测定（二乙酰-肟法） | 204 |
| 第十章 肝功能实验 | 207 |
| 实验1 血清总胆红素和结合胆红素测定（改良 Jendrassik-Grof 法） | 207 |
| 实验2 血氨测定 | 210 |
| 第十一章 激素测定 | 214 |
| 实验1 尿液中 17-酮类固醇（17-KS）测定 | 214 |
| 实验2 尿液中 17-羟皮质类固醇（17-羟）测定 | 216 |
| 参考答案 | 221 |
| 参考文献 | 241 |

# 第一篇 学习指导

生物化学学习指导与实验教程
SHENGWU HUAXUE XUEXI ZHIDAO YU SHIYAN JIAOCHENG

# 第一章 蛋白质的结构与功能

## 知识要点

### 一、蛋白质的分子组成

1. 蛋白质的元素组成：C、H、O、N、S（各元素）。蛋白质含N 16%，蛋白质含量计算公式：蛋白质量=样品中氮的质量×6.25。

2. 蛋白质的基本组成单位：氨基酸（除 Gly 和 Pro 外，都属于 L-α-氨基酸）。

3. 氨基酸的分类：非极性氨基酸；极性中性氨基酸；酸性氨基酸（Glu，Asp）；碱性氨基酸（His，Arg，Lys）。

4. 肽键：一个氨基酸的 α-羧基与另一个氨基酸的 α-氨基脱水缩合形成的酰胺键（—CONH—）。

5. 氨基酸通过肽键连接成肽，多肽链的方向为：N 末端→C 末端。

### 二、蛋白质的分子结构

1. 一级结构的概念：多肽链中氨基酸的排列顺序；肽键、二硫键。

2. 二级结构的概念：多肽链中主链原子的空间排布；肽键；氢键；无侧链。

3. α-螺旋的结构特点：右手螺旋；一圈 3.6 aa，螺距 0.54 nm；氢键（平行）；R 在外侧。

4. 三级结构的概念：整条肽链所有原子的空间排布；肽键；氢键；疏水键；氨键；盐键；范德华力。

5. 四级结构的概念；亚基间的相互关系；疏水键；氢键；离子键；范德华键。

6. 亚基：蛋白质分子中具有完整结构以上的多肽链，每一条具有完整三级结构的多肽链称为亚基（亚基单独存在无活性）。

7. 蛋白质结构与功能的关系：一级结构决定高级结构，高级结构决定其功能。一级结构决定功能。

## 三、蛋白质的理化性质

1. 等电点(pI)：净电荷为零时溶液的 pH 称为该蛋白质（或氨基酸）的等电点。
2. 蛋白质胶体稳定性的两个因素：表面电荷和水化膜。
3. 变性：在理化因素影响下，蛋白质的空间结构破坏状态，从而导致其理化性质改变和生物学活性丧失。变性的本质，破坏非共价键和二硫键，不涉及一级结构。
4. 沉淀：蛋白质从溶液中析出的现象称为沉淀。
5. 变性、沉淀和凝固的关系：变性的蛋白质不一定沉淀；沉淀的蛋白质不一定变性；绝因的蛋白质既变性又沉淀。
6. 变性蛋白质性质的改变：溶解度降低，黏度增加，结晶能力消失；易被蛋白酶水解；生物学活性丧失。
7. 紫外吸收性质：有芳香族、杂氨基酸，最高吸收在 280 nm 处有最大吸收峰。
8. 蛋白质的呈色反应：双缩脲反应（紫红色），茚三酮反应（紫蓝色），酚试剂反应（蓝色）等。

## 配套习题

### 一、名词解释

1. 变性

2. 蛋白质的等电点(pI)

3. 蛋白质的变性

### 二、选择题

1. 天然蛋白质中不存在的氨基酸是  （    ）
A. 丙氨酸
B. 苏氨酸
C. 亮氨酸
D. 蛋氨酸
E. 羟氨酸

# 第一章 遗传物质的结构与功能

2. 下列嘌呤碱基为非编码的氨基酸是（  ）
A. 半胱氨酸
B. 组氨酸
C. 丙氨酸
D. 酪氨酸
E. 苏氨酸

3. 构成人体蛋白质的氨基酸属于（  ）
A. L-β-氨基酸
B. L-α-氨基酸
C. D-α-氨基酸
D. D-β-氨基酸
E. L-D-α-氨基酸

4. 含有2个氨基的氨基酸是（  ）
A. 谷氨酸
B. 苏氨酸
C. 甘氨酸
D. 赖氨酸
E. 脯氨酸

5. 在蛋白质中含量相对多的元素是（  ）
A. 碳
B. 氢
C. 氧
D. 氮
F. 硫

6. 蛋白质的平均含氮量是（  ）
A. 6.25%
B. 16%
C. 45%
D. 50%
E. 60%

7. 下列蛋白质中哪种氨基酸正L与D型氨基酸之分（  ）
A. 丙氨酸
B. 甘氨酸
C. 苯氨酸
D. 丝氨酸
E. 缬氨酸

8. 天然蛋白质中存在遗传密码的氨基酸有（  ）
A. 8 种
B. 61 种
C. 12 种
D. 20 种
E. 64 种

9. 测定 100 g 生物样品中含氮量是 2 g，这样品中蛋白质的含量是（  ）
A. 6.25%
B. 12.5%
C. 1%
D. 2%
E. 20%

10. 属于碱性氨基酸的是（  ）
A. 天冬氨酸
B. 谷氨酸

C. 组氨酸
D. 苯丙氨酸
E. 半胱氨酸

11. 蛋白质分子中的肽键（  ）
A. 是一个氨基酸的 α-氨基和另一个氨基酸的 α-羧基形成的
B. 是由多肽链的 γ-羧基与另一个氨基酸的 α-氨基形成的
C. 氨基酸的各种氨基和各种羧基均可以形成肽键
D. 是由赖氨酸的 β-氨基与另一分子氨基酸的 α-羧基形成的
E. 以上叙述均否

12. 多肽链中主键最常见的组合是（  ）
A. —CHCONCNCOCNC—
B. —CCHNOCCHNOCCHNOC—
C. —CCOHNCCOHNCCOHN—
D. —CCOHCCOHCCOHNC—
E. —CCHNOCCOHNCCOHNOC—

13. 蛋白质的一级结构是指（  ）
A. 氨基酸种类的数量
B. 分子中的各种化学键
C. 多肽链的氨基酸大小
D. 多肽链中氨基酸残基的排列顺序
E. 分子中的共价键

14. 维持蛋白质分子一级结构的主要化学键是（  ）
A. 肽键
B. 氢键
C. 疏水键
D. 二硫键
E. 盐键

15. 蛋白质分子中的 α-螺旋结构特点的是（  ）
A. 肽键平面充分伸展
B. 靠盐键维持稳定
C. 螺旋方向与长轴垂直
D. 多为右手螺旋
E. 多肽链侧链伸向螺旋外侧

16. 下列不属于蛋白质二级结构的是（  ）
A. α-螺旋
B. β螺旋
C. β折叠
D. β转角
E. 不规则卷曲

17. 维持蛋白质分子二级结构稳定的主要化学键是（  ）
A. 肽键
B. 氢键
C. 疏水键
D. 二硫键
E. 范德华力

# 第一章 蛋白质的结构与功能

18. 蛋白质中的α-螺旋和β-折叠都属于（  ）
   A. 一级结构　　　　　　　　B. 二级结构
   C. 三级结构　　　　　　　　D. 四级结构
   E. 侧链结构

19. 血色素属于脯氨酸有四级结构的二个亚基维系为（  ）
   A. 盐键　　　　　　　　　　B. 氢键链
   C. 共氢键　　　　　　　　　D. 脯氨键
   E. 半脯氨键

20. 下列关于蛋白质分子三级结构的描述，错误的是（  ）
   A. 天然蛋白质分子均具有次级结构
   B. 具有三级结构的多肽链都具有生物学活性
   C. 三级结构的稳定主要靠次级键维系
   D. 亲水性氨基酸在三级结构的表面
   E. 疏水性基团都位于蛋白质分子内部

21. 维系蛋白质三级结构的稳定的最主要化学键或作用力是（  ）
   A. 二硫键　　　　　　　　　B. 盐键
   C. 氢键　　　　　　　　　　D. 疏水作用力
   E. 配位键

22. 血红蛋白分子A链与B链的关系是（  ）
   A. 二硫键　　　　　　　　　B. 盐键
   C. 氢键　　　　　　　　　　D. 疏水作用力
   E. 配位键

23. 具有四级结构的蛋白质分子中，亚基间主要存在的次级键是（  ）
   A. 二硫键　　　　　　　　　B. 配位键
   C. 氢键　　　　　　　　　　D. 疏水作用力
   E. 盐键

24. 下列选项中属于四级结构的是（  ）
   A. 胰糖原脯氨酸　　　　　　B. 胰岛素链
   C. 凯氨酸氨酸　　　　　　　D. 脯氨酸
   E. 谷基脯氨酸

25. 下列关于蛋白质四级结构的描述，正确的是（  ）
   A. 一定有多个相同的亚基
   B. 一定有种类相同但数目不同的亚基
   C. 一定有多个不同的亚基

D. 一定有抑菜不同浓度目相同的亚基
E. 亚基的种类和数目都不一定

26. 对直有四级结构的蛋白质进行一级结构分析时发现 ( )
A. 只有一个甲甲的α-螺旋和一个乙甲的α-螺旋
B. 只有甲甲的α-螺旋，没有乙甲的α-螺旋
C. 只有乙甲的α-螺旋，没有甲甲的α-螺旋
D. 既无甲甲的α-螺旋，也无乙甲的α-螺旋
E. 有一个以上甲甲的α-螺旋和α-螺旋

27. 下列关于蛋白质亚基的描述，正确的是 ( )
A. 一条多肽链卷曲成螺旋结构
B. 两条以上多肽链卷曲成二级结构
C. 两条以上多肽链与辅基结合成蛋白质
D. 每个亚基都有各自的三级结构
E. 以上都不正确

28. 蛋白质的pI是指 ( )
A. 蛋白质分子正电荷时的溶液的pH
B. 蛋白质分子带负电荷时的溶液的pH
C. 蛋白质分子不带电荷时的溶液的pH
D. 蛋白质分子不带电荷为零时的溶液的pH
E. 以上都不对

29. 处于等电点的蛋白质 ( )
A. 分子不带电荷
B. 分子净电荷为零
C. 分子易变性
D. 易被蛋白酶水解
E. 溶解度增加

30. 某蛋白质的等电点为6.8，电泳溶液的pH为8.6，该蛋白质的泳动方向为 ( )
A. 向正极移动
B. 向负极移动
C. 不能确定
D. 不动
E. 以上都不对

31. 将蛋白质溶液的pH调节至等于蛋白质的等电点时，则 ( )
A. 可使蛋白质的稳定性增加
B. 可使蛋白质的稳定性保持不变
C. 可使蛋白质的稳定性增加
D. 可使蛋白质的稳定性减小
E. 可使蛋白质的稳定性降为零

32. 已知某混合物存在A、B两种分子量相等相近的蛋白质，A的等电点为6.8，B的等电点为

的等电点为 7.8，用电泳法进行分离，如缓冲溶液的 pH 为 8.6，则（  ）
A. 蛋白质 A 向正极移动，B 向负极移动
B. 蛋白质 A 向负极移动，B 向正极移动
C. 蛋白质 A 和 B 都向右极移动，A 移动的速度快
D. 蛋白质 A 和 B 都向正极移动，A 移动的速度快
E. 蛋白质 A 和 B 都向正极移动，B 移动的速度快

33. 当蛋白质带正电荷时，其周围的 pH（    ）
A. 大于 7.4           B. 小于 7.4
C. 等于 7.4 等电点    D. 大于等电点
E. 小于等电点

34. 蛋白质变性后会产生下列哪种后果（    ）
A. 蛋白质酰胺片溶解出来     B. 大量肽链溶解出来
C. 带电荷变多                D. 一级结构破坏
E. 空间结构改变

35. 蛋白质变性是由于（    ）
A. 蛋白质一级结构被破坏     B. 蛋白质二级结构的破坏
C. 蛋白质空间结构被破坏     D. 肽键的断裂
E. 蛋白质水解

36. 下列关于蛋白质变性的叙述，错误的是（    ）
A. 蛋白质原有结构受到破坏     B. 失去原有生物学活性
C. 溶解度降低                  D. 易受蛋白酶水解
E. 粘度增加

37. 下列关于蛋白质变性的变化，错误的是（    ）
A. 分子内部基团外露           B. 失去结构有序排列
C. 生物学功能丧失             D. 肽键断裂，一级结构被破坏
E. 易为水化膜而沉淀

38. 下列关于蛋白质变性的叙述，正确的是（    ）
A. 只是四级结构被破坏，亚基的解离
B. 蛋白质结构完全被破坏，肽键断裂
C. 蛋白质分子中的水合膜因破坏，一定发生沉淀
D. 蛋白质原有性质的丧失，但不一定沉淀，沉淀的蛋白质也不一定变性
E. 蛋白质原有性质的丧失，但一定沉淀，沉淀的蛋白质也一定变性

39. 变性蛋白质的主要特点是（    ）
A. 水分散质溶点凝固变性     B. 粘度下降

C. 浓碱使变性加剧    D. 颜色反应减弱

E. 所有的生物活性丧失

40. 蛋白质分子中引起 280 nm 波长紫外光吸收的主要成分是（  ）

A. 酪氨酸上的羟基    B. 苯丙氨酸的苯环

C. 色氨酸的吲哚环    D. 半胱氨酸的巯基

E. 肽键

41. 下列有关蛋白质性质的描述，错误的是（  ）

A. 溶液的 pH 测在到蛋白质等电点时，蛋白质溶解度最低

B. 根据分子筛蛋白质的直径相异和蛋白质分子不紫外吸收，蛋白质的定量

C. 蛋白质变性后，再于原来重因紊乱聚集，水化膜被破坏，即发生一定发生沉淀

D. 因为蛋白质不能透过半透膜，所以可用透析的方法除去小分子杂质而提纯

E. 在同一 pH 溶液中，用于各种蛋白质的 pI 不同，故可用电泳法来其分离纯化

42. 关于蛋白质构象、变性和变性的关系，下列叙述正确的是（  ）

A. 变性蛋白质一定变性图

B. 蛋白质变图片一定变性

C. 蛋白质变性后变性一定变化

D. 变性蛋白质一定无活性

E. 变性蛋白质不一定无活性

43. 下列光不属于各蛋白质显色的是（  ）

A. 桦选片    B. 缩选片

C. 茚选片    D. 胎选片

E. 色选片

## 三、填空题

1. 人体蛋白质的基本组成单位是_____，编码的有_____种。

2. 根据侧链基团结构和性质的不同，可将氨基酸分为_____、_____、_____和_____。

3. 肽键是指一个氨基酸的_____和另一个氨基酸的_____脱水缩合而成的_____酰氨化学键。

4. 在 280 nm 波长处有特征性紫外光吸收的氨基酸有_____和_____。

5. 蛋白质的一级结构是指多肽链中氨基酸的_____，主要化学键为_____。

6. 蛋白质二级结构的构象形式有_____、_____、_____、_____。

7. 当蛋白质溶液的 pH 大于 pI 时，蛋白质分子带_____电荷。

8. 蛋白质变性主要指_____，结构被破坏破坏，而其_____结构仍可完好无损。

第一章 蛋白质的结构与功能

9. 维持蛋白质一级结构的化学键是_____和_____。

四、简答题

简述蛋白质二级结构的概念，并指出其主要形式的结构特征。

# 第二章 核酸结构与功能

## 知识要点

### 一、核酸的化学组成

1. 分类：脱氧核糖核酸(DNA)、核糖核酸(RNA)。
2. 组成部分：碱基(A、G、C、U、T)、戊糖(R、dR)和磷酸。
3. 基本单位：5'-核苷酸；连接方式：3',5'-磷酸二酯键。

### 二、DNA的结构与功能

1. 一级结构的概念：DNA分子中脱氧核苷酸的排列顺序(碱基序列)。
2. DNA双螺旋结构特点：右手双螺旋，反向平行，碱基在内侧，A=T、G≡C；其长度为2 nm，螺距为3.4 nm，1圈10 bp；氢键(横向)和碱基堆积力(纵向)维持稳定性。
3. 核小体是染色质的基本组成单位，由DNA和5种组蛋白构成。
4. DNA的功能：遗传信息的载体。

### 三、RNA的结构与功能

1. mRNA的结构特点：5'端由甲基化的鸟苷酸帽子，3'端ploy A尾巴。
2. tRNA的结构特点：含有较多稀有碱基，二级结构呈三叶草形(DHU环、TψC环、反密码子环)，1个臂(氨基酸臂，3'端CCA结构)；三级结构呈倒L形。
3. tRNA、体内种类最多的RNA。
4. 三种RNA的功能：mRNA是蛋白质合成的其接模板(三联体密码)；tRNA用于协化运转氨基酸；rRNA参与组装核糖体，合成蛋白质。

### 四、核酸的理化性质

1. 核酸紫外吸收：最大光吸收值出现在260 nm(碱基具有共轭双键)，能鉴定核酸纯度，且有难化作用的RNA。

外),。

2. DNA的变性:在某些理化因素作用下,DNA双链碱基开放变成单链的过程。
变性的水解:双链间氢键的断裂。

3. 解链温度($T_m$):双链DNA有50%解链时的环境温度。GC含量越高,$T_m$越高。

4. DNA的复性:变性DNA的两条互补链重新经过天然双螺旋结构的过程。

5. 分子杂交:来源不同的两链DNA或RNA直接杂化成杂化双链的过程。

## 配套习题

### 一、名词解释

1. DNA的变性

2. DNA的复性

3. 解链温度($T_m$)

### 二、选择题

1. 下列哪种碱基只存在于RNA而不存在于DNA （　　）
A. 腺嘌呤
B. 鸟嘌呤
C. 胸腺嘧啶
D. 胞嘧啶
E. 尿嘧啶

2. DNA与RNA共有的成分是 （　　）
A. D-核糖
B. D-2-脱氧核糖
C. 尿嘧啶
D. 胞嘧啶
E. 胸腺嘧啶

3. DNA与RNA的连接分子的主要区别是 （　　）
A. 所含碱基不同
B. 所含戊糖不同
C. 核苷酸之间的连接方式不同
D. 空间结构不同
E. 在细胞中存在的部位不同

4. 携带遗传主要存在于 （　　）
A. 信使RNA
B. 核糖体RNA

C. 转运 RNA
D. 核内 DNA
E. 胞浆酶原

5. 脱氧核苷酸中磷酸常连于
A. 戊糖的 C3' 上
B. 戊糖的 C5' 上
C. 戊糖的 C2' 上
D. 戊糖的 C2' 和 C3' 上
E. 戊糖的 C2' 和 C5' 上

6. 核苷中核苷酸之间的连接方式是
A. 2',3'-磷酸二酯键
B. 2',5'-磷酸二酯键
C. 3',5'-磷酸二酯键
D. 肽键
E. 糖苷键

7. 不是 DNA 组分的脱氧核苷酸是
A. dTMP
B. dUMP
C. dGMP
D. dAMP
E. dCMP

8. 组成核酸的基本结构单位是
A. 碱基和戊糖
B. 戊糖和磷酸
C. 碱基、戊糖和磷酸
D. 核苷酸
E. 核苷和碱基

9. 下列关于 DNA 双螺旋结构模型叙述的，正确的是
A. DNA 两条链的脱氧核糖相对
B. DNA 为单股螺旋的走向相反
C. 只在 A 和 G 之间形成氢键
D. 碱基间形成疏水作用键
E. 磷酸戊糖骨架位于 DNA 螺旋内侧

10. DNA 碱基配对主要靠
A. 范德华力
B. 疏水作用
C. 共价键
D. 盐键
E. 氢键

11. 在 DNA 分子中，与片段 5'-TAGA-3' 互补的片段为（ ）
A. 5'-TAGA-3'
B. 5'-ATCT-3'
C. 5'-ATCT-3'
D. 5'-TCTA-3'
E. 5'-UGUA-3'

12. 在一个 DNA 分子中，若 A 所占物质的量之分数为 32.8%，则 G 所占物质的量之分数为（ ）
A. 67.2%
B. 32.8%
C. 17.2%
D. 65.6%

E. 16.4%

13. 不是 RNA 组分的核苷酸是 （  ）
    A. AMP            B. UMP
    C. GMP            D. TMP
    E. CMP

14. 稳定 DNA 双螺旋的主要因素是 （  ）
    A. 氢键和碱基堆积力       B. 与 $Na^+$ 结合
    C. 与组蛋白的结合         D. 磷酸二酯键
    E. 盐键

15. 维系 DNA 两条链形成双螺旋的化学键是 （  ）
    A. 磷酸二酯键             B. 糖苷键
    C. 戊糖内的 C—C 键        D. 碱基间的氢键
    E. 碱基内的 C—C 键

16. 下列有关 DNA 二级结构的叙述,错误的是 （  ）
    A. DNA 二级结构是双螺旋结构
    B. DNA 二级结构是空间结构
    C. DNA 二级结构中两条链方向相同
    D. DNA 二级结构中碱基之间相互配对
    E. DNA 二级结构中碱基之间有氢键相连

17. 下列关于双链 DNA 中碱基摩尔含量关系的表示,错误的是 （  ）
    A. A＝T                   B. A＋G＝C＋T
    C. A＋C＝G＋T             D. A＋T＝G＋C
    E. G＝C

18. 下列关于 DNA 二级结构的描述,错误的是 （  ）
    A. 碱基配对是 A 与 U,G 与 C     B. 两条 DNA 链走向相反
    C. 两条 DNA 链走向平行           D. 双螺旋每周含 10 对碱基
    E. 碱基对之间形成氢键

19. RNA 和 DNA 彻底水解后的产物中 （  ）
    A. 戊糖相同,部分碱基不同     B. 戊糖不同,部分碱基不同
    C. 戊糖相同,碱基相同         D. 戊糖不同,碱基相同
    E. 以上都不对

20. 双链 DNA 有较高的解链温度是由于它含有较多的 （  ）
    A. 嘌呤                   B. 嘧啶
    C. A 和 T                 D. C 和 G

E. A 和 C

21. 下列关于核小体的叙述,正确的是 （   ）
    A. 核小体由 DNA 和非组蛋白共同构成
    B. 核小体由 RNA 和组蛋白共同构成
    C. 核小体由 DNA 和 5 种组蛋白构成
    D. 核小体由 DNA 和 $H_1$、$H_2$、$H_3$、$H_4$ 各两分子构成
    E. 组蛋白是由组氨酸构成的

22. DNA 在热变性时 （   ）
    A. 磷酸二酯键发生断裂
    B. 形成三股螺旋
    C. 在波长 260 nm 处光吸收减少
    D. 解链温度随 A—T 含量的增加而降低
    E. 解链温度随 A—T 含量的增加而增加

23. 核酸具有紫外吸收能力的原因是 （   ）
    A. 嘌呤和嘧啶环中有共轭双键     B. 嘌呤和嘧啶中有氮原子
    C. 嘌呤和嘧啶中有氧原子         D. 嘌呤和嘧啶连接了核糖
    E. 嘌呤和嘧啶连接了磷酸基因

24. 下列有关核酸的变性与复性的叙述,正确的是 （   ）
    A. 热变性后,DNA 经缓慢冷却后可复性
    B. 不同的单链 DNA,在合适温度下都可复性
    C. 热变性的 DNA 迅速降温的过程也称作退火
    D. 复性的最佳温度为 25 ℃
    E. 热变性 DNA 迅速冷却后即可相互结合

25. DNA 的解链温度指的是 （   ）
    A. $A_{260\,nm}$ 达到最大值时的温度
    B. $A_{260\,nm}$ 达到最大变化值 50% 时的温度
    C. DNA 开始解链时所需要的温度
    D. DNA 完全解链时所需要的温度
    E. 以上都不是

26. hnRNA 是下列哪种 RNA 的前体 （   ）
    A. rRNA                    B. 真核 rRNA
    C. 原核 rRNA               D. 真核 mRNA
    E. 原核 mRNA

27. 核酸变性后可发生的效应是 （   ）

A. 减色效应 B. 失去对紫外线的吸收能力
C. 最大吸收峰发生转移 D. 黏度增高
E. 增色效应

28. tRNA 在发挥其"对号入座"功能时的两个重要部位是 （ ）
    A. DHU 环和反密码子环 B. 氨基酸臂和 DHU 环
    C. TψC 环和 DHU 环 D. TψC 环和反密码子环
    E. 氨基酸臂和反密码子环

29. 人的基因组的碱基数目为 （ ）
    A. $3\times10^9$ bp B. $3\times10^6$ bp
    C. $4\times10^9$ bp D. $4\times10^6$ bp
    E. $3\times10^8$ bp

30. (G+C) 含量愈高 $T_m$ 值愈高的原因是 （ ）
    A. G—C 间形成了一个共价键 B. G—C 间形成了两个氢键
    C. G—C 间形成了三个氢键 D. G—C 间形成了离子键
    E. G—C 间可以结合更多的精胺和亚精胺

31. 核酸分子中储存、传递遗传信息的关键部分是 （ ）
    A. 核苷 B. 碱基序列
    C. 磷酸戊糖 D. 磷酸二酯键
    E. 磷酸戊糖骨架

32. 下列有关 tRNA 的叙述,错误的是 （ ）
    A. tRNA 的二级结构是三叶草结构
    B. 反密码子环有 3 个碱基组成的反密码子
    C. tRNA 的二级结构含有 DHU 环
    D. tRNA 分子中含有一个氨基酸臂
    E. tRNA 分子中不含有稀有碱基

33. 下列有关 RNA 的叙述,错误的是 （ ）
    A. mRNA 分子中含有遗传密码
    B. tRNA 是分子量最小的一种 RNA
    C. RNA 可分为 mRNA、tRNA、rRNA 等
    D. 胞浆中只有 mRNA,而没有别的核酸
    E. rRNA 可以参与组成合成蛋白质的场所

34. DNA 变性的原因是 （ ）
    A. 温度升高是唯一的原因 B. 磷酸二酯键断裂
    C. 多核苷酸链解聚 D. 碱基的甲基化修饰

E. 互补碱基之间的氢键断裂

35. 下列关于核酶的叙述，正确的是 （　　）
    A. 专门水解 RNA 的酶　　　　　B. 具有催化活性的 RNA 分子
    C. 专门水解 DNA 的酶　　　　　D. 位于细胞核内的酶
    E. 由 RNA 和蛋白质组成的结合酶

36. 下列哪种碱基组成的 DNA 分子的 $T_m$ 高 （　　）
    A. A+T=15%　　　　　　　　　B. G+C=25%
    C. G+C=40%　　　　　　　　　D. A+T=80%
    E. G+C=35%

37. 单链 DNA 5′-CGGTA-3′ 能与下列哪种 RNA 单链进行分子杂交 （　　）
    A. 5′-GCCTA-3′　　　　　　　　B. 5′-GCCAU-3′
    C. 5′-UACCG-3′　　　　　　　　D. 5′-TAGGC-3′
    E. 5′-TUCCG-3′

38. 下列有关 mRNA 的描述，正确的是 （　　）
    A. 大多数真核生物的 mRNA 都有 5′-末端的多聚腺苷酸结构
    B. 所有生物的 mRNA 分子中都有较多的稀有碱基
    C. 原核生物 mRNA 的 3′-末端是 7-甲基鸟嘌呤核苷
    D. 大多数真核生物 mRNA 的 5′-末端为 $m^7GpppN$ 结构
    E. 原核生物 mRNA 的帽子结构是 7-甲基鸟嘌呤核苷

39. 真核生物 mRNA 多数在 3′-末端有 （　　）
    A. 起始密码子　　　　　　　　　B. 帽子结构
    C. polyA 尾　　　　　　　　　　D. 终止密码子
    E. CCA 序列

40. tRNA 连接氨基酸的部位是在 （　　）
    A. 1′-OH　　　　　　　　　　　B. 2′-P
    C. 3′-P　　　　　　　　　　　　D. 3′-OH
    E. 5′-P

41. tRNA 分子 3′ 末端的碱基序列是 （　　）
    A. AAA-3′　　　　　　　　　　　B. CCA-3′
    C. CCC-3′　　　　　　　　　　　D. AAC-3′
    E. ACA-3′

42. 酪氨酸 tRNA 的反密码子是 5′-GUA-3′，它能辨认的 mRNA 上的相应密码子是 （　　）
    A. GUA　　　　　　　　　　　　B. UAC

C. AUG  D. GTA
E. TAC

### 三、填空题

1. RNA 可以分为 3 大类,其中构成遗传密码的是_____,破译遗传密码运载氨基酸的是_____,参与构成核糖体的是_____。

2. 核酸完全水解的产物是_____、_____和_____,其中_____又可分为_____碱和_____碱。

3. 体内嘌呤碱主要有_____和_____;嘧啶碱主要有_____、_____和_____。某些 RNA 分子中还含有微量的其他碱基,称为_____。

4. 碱基和戊糖相连接的化学键是_____,连接生成的化合物叫_____。

5. 核酸的基本单位是_____,它们之间相连接的化学键是_____。

6. 嘌呤碱和嘧啶碱均具有共轭双键,故核酸的紫外最大吸收峰在波长_____。

7. DNA 双螺旋结构中 A、T 之间有_____氢键,G、C 之间有_____氢键。

8. tRNA 的二级结构是_____,三级结构是_____。

### 四、简答题

叙述 DNA 双螺旋结构模型的要点。

# 第三章 维生素

## 知识要点

1. 脂溶性维生素的功能和缺乏症。

维生素 A：参与暗视力，维持上皮组织的功能；缺乏症：夜盲症、眼干燥症；活性形式：11-顺视黄醛。

维生素 D：促进钙、磷的吸收；缺乏症：软骨病（成人）、佝偻病（儿童）；活性形式：$1,25\text{-}(OH)_2\text{-}D_3$。

维生素 E：保护生物膜，影响生殖功能；缺乏症：不育症（动物）。

维生素 K：促进凝血；缺乏症：凝血障碍。

2. 水溶性维生素的功能和缺乏症。

表 3-1　B族维生素与辅助因子的关系

| 维生素 | 化学本质 | 辅助因子形式 | 主要功能 | 缺乏症 |
| --- | --- | --- | --- | --- |
| $B_1$ | 硫胺素 | TPP | 脱羧 | 脚气病 |
| $B_2$ | 核黄素 | FMN，FAD | 递氢 | 口腔-生殖系统综合征 |
| PP | 烟酸 | $NAD^+$（辅酶Ⅰ） | 递氢 | |
| | 烟酰胺 | $NADP^+$（辅酶Ⅱ） | | 癞皮病 |
| $B_6$ | 吡哆醛/醇/胺 | 磷酸吡哆醛 | 转氨基 | 小红细胞低色素性贫血 |
| | | 磷酸吡哆胺 | 氨基酸脱羧 | |
| 泛酸 | | CoA，CAP | 转移酰基 | 不易缺乏 |
| 生物素 | | 生物素 | 羧化 | 不易缺乏 |
| 叶酸 | | 四氢叶酸（$FH_4$） | 一碳单位载体 | 巨幼红细胞贫血 |
| $B_{12}$ | 钴胺素 | 甲钴胺素 | 转移甲基 | 巨幼红细胞贫血 |

硫辛酸：递氢体，不易缺乏。

维生素 C：羟化酶的辅酶；缺乏症：坏血病。

>>> **配套习题**

### 一、选择题

1. 下列关于维生素的叙述,正确的是 （   ）
   A. 维生素是一类高分子有机化合物
   B. 维生素每天的需要量约为数克
   C. B族维生素的主要作用是构成辅酶或辅基
   D. 维生素参与机体组织细胞的构成
   E. 维生素主要在机体内合成

2. 下列关于水溶性维生素的叙述,错误的是 （   ）
   A. 在人体内只有少量储存
   B. 易随尿排出体外
   C. 每日必须通过膳食提供足够的数量
   D. 当膳食供给不足时,易导致人体出现相应的缺乏症
   E. 在人体内主要储存于脂肪组织

3. 下列关于脂溶性维生素的叙述,错误的是 （   ）
   A. 溶于脂肪和脂溶剂
   B. 不溶于水
   C. 在肠道中与脂肪共同吸收
   D. 长期摄入量过多可引起相应的中毒症
   E. 可随尿排出体外

4. 下列有关维生素A的叙述,错误的是 （   ）
   A. 维生素A缺乏可引起夜盲症
   B. 维生素A是水溶性维生素
   C. 维生素A可由β-胡萝卜素转变而来
   D. 维生素A有两种形式:$A_1$和$A_2$
   E. 维生素A参与视紫红质的形成

5. 胡萝卜素类物质转变为维生素A的转变率最高的是 （   ）
   A. α-胡萝卜素　　　　　B. β-胡萝卜素
   C. γ-胡萝卜素　　　　　D. 玉米黄素
   E. 新玉米黄素

6. 下列关于维生素D的叙述,错误的是 （   ）
   A. 在酵母和植物油中的麦角固醇可以转化为维生素D
   B. 皮肤的7-脱氢胆固醇可转化为维生素D

C. 维生素 $D_3$ 的生理活性型是 25-(OH)$D_3$

D. 化学性质稳定,光照下不被破坏

E. 儿童缺乏维生素 D 可引起佝偻病

7. 儿童缺乏维生素 D 时易患　　　　　　　　　　　　　　　(    )

　　A. 佝偻病　　　　　　　　B. 骨质软化症

　　C. 坏血病　　　　　　　　D. 恶性贫血

　　E. 癞皮病

8. 脚气病是由于缺乏下列哪种维生素所致的　　　　　　　　(    )

　　A. 钴胺素　　　　　　　　B. 硫胺素

　　C. 生物素　　　　　　　　D. 泛酸

　　E. 叶酸

9. 维生素 $B_6$ 辅助治疗小儿惊厥和妊娠呕吐的原理是　　　　(    )

　　A. 作为谷氨酸转氨酶的辅酶成分

　　B. 作为丙氨酸转氨酶的辅酶成分

　　C. 作为蛋氨酸脱羧酶的辅酶成分

　　D. 作为谷氨酸脱羧酶的辅酶成分

　　E. 作为羧化酶的辅酶成分

10. 维生素 $B_2$ 以哪种形式参与氧化还原反应　　　　　　　　(    )

　　A. 辅酶 A　　　　　　　　B. $NAD^+$、$NADP^+$

　　C. 辅酶 I　　　　　　　　D. 辅酶 Ⅱ

　　E. FMN、FAD

11. 以下哪种对应关系正确　　　　　　　　　　　　　　　　(    )

　　A. 维生素 $B_6$－磷酸吡哆醛－脱氢酶

　　B. 泛酸－辅酶 A－酰基转移酶

　　C. 维生素 PP－$NAD^+$－黄酶

　　D. 维生素 $B_1$－TPP－硫激酶

　　E. 维生素 $B_2$－$NADP^+$－转氨酶

12. 下列叙述不正确的是　　　　　　　　　　　　　　　　　(    )

　　A. 维生素 A 与视觉有关,缺乏时对弱光敏感度降低

　　B. 成年人没有维生素 D 缺乏症

　　C. 维生素 C 缺乏时发生坏血病

　　D. 维生素 K 具有促进凝血作用,缺乏时凝血时间延长

　　E. 维生素 E 是脂溶性的

13. 唯一含有金属元素的维生素是　　　　　　　　　　　　　(    )

A. 维生素 $B_1$      B. 维生素 $B_2$
C. 维生素 C      D. 维生素 $B_6$
E. 维生素 $B_{12}$

14. 作为天然的抗氧化剂并常用于食品添加剂的维生素是 （　　）
   A. 维生素 $B_1$      B. 维生素 K
   C. 维生素 E      D. 叶酸
   E. 泛酸

15. 与凝血酶原生成有关的维生素是 （　　）
   A. 维生素 K      B. 维生素 E
   C. 硫辛酸      D. 泛酸
   E. 硫胺素

16. 维生素 $B_1$ 缺乏时出现的消化道蠕动减慢、消化液减少、食欲不振等症状的原因是 （　　）
   A. 维生素 $B_1$ 能抑制胆碱酯酶的活性
   B. 维生素 $B_1$ 能促进胃蛋白酶的活性
   C. 维生素 $B_1$ 能促进胰蛋白酶的活性
   D. 维生素 $B_1$ 能促进胆碱酯酶的活性
   E. 维生素 $B_1$ 能促进胃蛋白酶原的激活

17. 肠道细菌可给人体合成哪几种维生素 （　　）
   A. 维生素 A 和维生素 D    B. 维生素 K 和维生素 $B_6$
   C. 维生素 C 和维生素 E    D. 泛酸和硫辛酸
   E. 硫辛酸和维生素 $B_{12}$

## 二、填空题

1. 维生素按其溶解性不同,可分为＿＿＿＿和＿＿＿＿两大类。
2. 脂溶性维生素包括＿＿＿＿、＿＿＿＿、＿＿＿＿和＿＿＿＿。
3. 维生素 D 的活性形式是＿＿＿＿。
4. 水溶性维生素包括＿＿＿＿和＿＿＿＿两大类。
5. 构成 TPP 的维生素是＿＿＿＿,主要功能是＿＿＿＿。
6. 构成 FMN 和 FAD 的维生素是＿＿＿＿,主要功能是＿＿＿＿。
7. 构成 $NAD^+$ 和 $NADP^+$ 的维生素是＿＿＿＿,主要功能是＿＿＿＿。
8. 参与一碳单位代谢的维生素有＿＿＿＿和＿＿＿＿。
9. 构成 CoA 的维生素是＿＿＿＿,主要功能是＿＿＿＿。
10. 维生素 $B_6$ 构成转氨酶的辅助因子,其主要形式是＿＿＿＿和＿＿＿＿。

# 第四章 酶

## 知识要点

### 一、概述

1. 酶是由活细胞产生,对其特异底物起高效催化作用的蛋白质和核酸。

2. 分子组成:单纯酶、结合酶(全酶=酶蛋白+辅助因子;酶蛋白:决定反应的特异性;辅助因子:辅酶辅基——决定反应类型)。

3. 酶的国际单位(IU):在特定的条件下,每分钟催化 1 μmol 底物转化为产物所需的酶量。

### 二、酶催化作用的特点

酶促反应的特点:高效性、特异性(绝对、相对、立体异构)、可调节性和不稳定性。

### 三、酶的作用机制及调节

1. 活性中心:必需基团组成的具有特定空间结构的区域,能与底物特异性结合并将底物转化为产物(所有的酶都有活性中心)。

2. 必需基团:与酶的活性密切相关的基团;分类:活性中心内必需基团(结合基团、内化基团)、活性中心外必需基团(维持活性中心构象)。

3. 酶原:无活性的酶的前体(避免细胞自身消化)。

4. 酶原的激活:无活性的酶原转变为有活性酶的过程(特定部位发挥功能)。

5. 酶催化作用机制:ES 复合物的形成与诱导契合作用、邻近效应与定向排列、表面效应、多元催化(酸碱催化)作用。

6. 酶活性的调节:变构调节、化学(共价)修饰调节。

### 四、影响酶催化作用的因素

1. 酶促反应动力学:底物浓度(矩形双曲线)、酶浓度(直线)、T(抛物线)、pH

（钟形曲线）、激活剂（必需/非必需）、抑制剂（不可逆：共价键结合；可逆：非共价键结合，分为竞争性、非竞争性、反竞争性三种）。

2. 米氏方程：$V = V_{max}[S]/(K_m + [S])$

3. $K_m$ 的意义：$V = 1/2 V_{max}$ 时的 $[S]$；是酶的特征性常数，与酶浓度无关；与亲和力成反比；$K_m$ 最小的底物称为最适底物。

4. $V_{max}$：酶被底物饱和时的反应速度。

5. 最适温度：酶促反应速度最快时的环境温度。

6. 最适 pH：酶催化活性最大时的环境 pH。

7. 不可逆抑制作用：有机磷化合物抑制羟基酶（胆碱酯酶），用解磷定解毒；重金属离子及含砷化合物（路易士气）抑制巯基酶，使用二巯基丙醇解毒。

8. 竞争性抑制作用的特点：当 $[S] \gg [I]$ 时，可解除抑制。

9. 磺胺类药物抑菌的机制：磺胺类药物与对氨基苯甲酸结构相似，竞争抑制二氢叶酸合成酶的活性中心。

## 五、酶与医学的关系

1. 同工酶：催化相同化学反应但酶的分子结构、理化性质和免疫学特征不同的一组酶。

2. 乳酸脱氢酶（LDH）：心肌梗死血清中 $LDH_1$ 增加，肝脏疾病血清中 $LDH_5$ 增加。

3. 肌酸激酶（CK）：心肌梗死血清中 $CK_2$ 增加。

### 》》 配套习题

## 一、名词解释

1. 酶

2. 必需基团

3. 酶的活性中心

4. 酶原

5. 酶原的激活

6. 同工酶

二、选择题

1. 下列关于酶的叙述,正确的是 （　　）
   A. 所有酶都有辅酶
   B. 酶的催化作用与其空间结构无关
   C. 绝大多数酶的化学本质是蛋白质
   D. 酶能改变化学反应的平衡点
   E. 酶不能在胞外发挥催化作用

2. 下列关于酶的叙述,正确的是 （　　）
   A. 酶对底物都有绝对特异性
   B. 有些 RNA 具有酶一样的催化作用
   C. 酶的催化活性都与空间结构的完整性有关
   D. 所有酶均需特异的辅助因子
   E. 酶只能在中性环境发挥催化作用

3. 下列关于酶催化作用的叙述,不正确的是 （　　）
   A. 催化反应具有高度特异性　　B. 催化反应所需要的条件温和
   C. 催化活性可以调节　　　　　D. 催化效率极高
   E. 催化作用可以改变反应的平衡常数

4. 下列属于结合酶的是 （　　）
   A. 脲酶　　　　　　　　　　　B. 核糖核酸酶
   C. 胃蛋白酶　　　　　　　　　D. 脂肪酶
   E. 己糖激酶

5. 结合酶具有催化活性的条件是 （　　）
   A. 以酶蛋白形式存在　　　　　B. 以辅酶形式存在
   C. 以辅基形式存在　　　　　　D. 以全酶形式存在
   E. 以酶原形式存在

6. 下列关于酶蛋白和辅助因子的叙述,错误的是 （　　）
   A. 二者单独存在时酶无催化活性
   B. 二者形成的复合物称全酶

C. 全酶才有催化作用

D. 辅助因子可以是有机化合物

E. 一种辅助因子只能与一种酶蛋白结合

7. 辅酶与辅基的主要区别是 （    ）

  A. 化学本质不同        B. 免疫学性质不同

  C. 与酶蛋白结合的紧密程度不同   D. 理化性质不同

  E. 生物学活性不同

8. 全酶中决定酶催化反应特异性的是 （    ）

  A. 全酶          B. 辅基

  C. 酶蛋白         D. 辅酶

  E. 以上都不是

9. 下列关于辅助因子的叙述，错误的是 （    ）

  A. 参与酶活性中心的构成    B. 决定酶催化反应的特异性

  C. 包括辅酶和辅基      D. 决定反应的种类和性质

  E. 维生素可参与辅助因子构成

10. 下列关于酶活性中心的叙述，错误的是 （    ）

  A. 结合基团在活性中心内    B. 催化基团属于必需基团

  C. 具有特定的空间构象     D. 空间结构与酶催化活性无关

  E. 底物在此被转化为产物

11. 酶催化效率高的原因是 （    ）

  A. 降低反应的自由能     B. 降低反应的活化能

  C. 降低产物能量水平     D. 升高活化能

  E. 升高产物能量水平

12. 酶的特异性是指 （    ）

  A. 与底物结合具有严格选择性   B. 与辅酶的结合具有选择性

  C. 催化反应的机制各不相同    D. 在细胞中有特殊的定位

  E. 在特定条件下起催化作用

13. L-乳酸脱氢酶只能催化 L-型乳酸脱氢，属于 （    ）

  A. 绝对特异性        B. 相对特异性

  C. 化学键特异性       D. 立体异构特异性

  E. 化学基团特异性

14. 加热后，酶活性降低或消失的主要原因是 （    ）

  A. 酶水解         B. 酶蛋白变性

  C. 亚基解聚         D. 辅酶脱落

E. 辅基脱落

15. 含有唾液淀粉酶的唾液透析后,水解能力下降,其原因是 (  )
    A. 酶蛋白变性　　　　　　　B. 失去 $Cl^-$
    C. 失去 $Hg^{2+}$　　　　　　D. 失去酶蛋白
    E. 酶含量减少

16. 全酶是指 (  )
    A. 酶蛋白-辅助因子复合物　　B. 酶蛋白-底物复合物
    C. 酶活性中心-底物复合物　　D. 酶必需基团-底物复合物
    E. 酶催化基团-结合基团复合物

17. 酶保持催化活性,必须具备的是 (  )
    A. 酶分子结构完整无缺　　　B. 酶分子上所有化学基团都存在
    C. 有金属离子参加　　　　　D. 有活性中心及其必需基团
    E. 有辅酶参加

18. 酶分子中使底物转变为产物的基团称为 (  )
    A. 结合基团　　　　　　　　B. 催化基团
    C. 碱性基团　　　　　　　　D. 酸性基团
    E. 疏水基团

19. 下列关于酶活性中心的叙述,正确的是 (  )
    A. 酶可以没有活性中心　　　B. 都以—SH 或—OH 作为结合基团
    C. 都含有金属离子　　　　　D. 都有特定的空间结构
    E. 以上都不是

20. 酶促反应速度达到最大速度的80%时,$K_m$ 等于 (  )
    A. [S]　　　　　　　　　　B. 1/2[S]
    C. 1/3[S]　　　　　　　　　D. 1/4[S]
    E. 1/5[S]

21. 酶促反应速度达到最大速度的25%时,[S]等于 (  )
    A. $1/4K_m$　　　　　　　　B. $3/4K_m$
    C. $2/3K_m$　　　　　　　　D. $1/2K_m$
    E. $1/3K_m$

22. 当 $K_m$ 等于 1/2[S]时,$V$ 等于 (  )
    A. $1/3V_{max}$　　　　　　B. $1/2V_{max}$
    C. $2/3V_{max}$　　　　　　D. $3/5V_{max}$
    E. $3/4V_{max}$

23. 同工酶是指 (  )

A. 酶蛋白分子结构相同　　　　B. 免疫学性质相同
C. 催化功能相同　　　　　　　D. 分子量相同
E. 理化性质相同

24. $K_m$ 值是指　　　　　　　　　　　　　　　　　　　　　（　　）
    A. $V$ 等于 $1/2V_{max}$ 时的底物浓度
    B. $V$ 等于 $1/2V_{max}$ 时的酶浓度
    C. $V$ 等于 $1/2V_{max}$ 时的温度
    D. $V$ 等于 $1/2V_{max}$ 时的抑制剂浓度
    E. 降低反应速度一半时的底物浓度

25. 酶的 $K_m$ 值大小与　　　　　　　　　　　　　　　　　　（　　）
    A. 酶性质有关　　　　　　　B. 酶浓度有关
    C. 酶作用温度有关　　　　　D. 酶作用时间有关
    E. 环境 pH 有关

26. 酶的活性中心内,能够与底物结合的基团是　　　　　　　　（　　）
    A. 结合基团　　　　　　　　B. 催化基团
    C. 疏水基团　　　　　　　　D. 亲水基团
    E. 以上都不是

27. 酶促反应速度与底物浓度的关系可用　　　　　　　　　　　（　　）
    A. 诱导契合学说解释　　　　B. 中间产物学说解释
    C. 多元催化学说解释　　　　D. 表面效应学说解释
    E. 邻近效应学说解释

28. 酶促反应动力学研究的是　　　　　　　　　　　　　　　　（　　）
    A. 酶促反应速度与底物结构的关系
    B. 酶促反应速度与酶空间结构的关系
    C. 酶促反应速度与辅助因子的关系
    D. 酶促反应速度与影响因素之间的关系
    E. 不同酶分子间的协调关系

29. 酶促反应速度与酶浓度成正比的条件是　　　　　　　　　　（　　）
    A. 底物被酶饱和　　　　　　B. 反应速度达最大
    C. 酶浓度远远大于底物浓度　D. 底物浓度远远大于酶浓度
    E. 以上都不是

30. $V=V_{max}$ 后再增加 $[S]$,$V$ 不再增加的原因是　　　　　（　　）
    A. 部分酶活性中心被产物占据
    B. 过量底物抑制酶的催化活性

C. 酶的活性中心已被底物所饱和

D. 产物生成过多改变反应的平衡常数

E. 以上都不是

31. 温度与酶促反应速度的关系曲线是　　　　　　　　　　　　（　　）

  A. 直线　　　　　　　　　B. 矩形双曲线

  C. 抛物线　　　　　　　　D. 钟罩形曲线

  E. S形曲线

32. 下列关于pH与酶促反应速度关系的叙述,正确的是　　　　（　　）

  A. pH与酶蛋白和底物的解离无关

  B. 反应速度与环境pH成正比

  C. 人体内酶的最适pH均为中性,即pH=7左右

  D. pH对酶促反应速度影响不大

  E. 以上都不是

33. 下列关于抑制剂对酶蛋白影响的叙述,正确的是　　　　　（　　）

  A. 使酶变性而使酶失活　　　B. 使辅基变性而使酶失活

  C. 都与酶的活性中心结合　　D. 除去抑制剂后,酶活性可恢复

  E. 以上都不是

34. 能被化学毒气路易士气抑制的酶是　　　　　　　　　　　（　　）

  A. 胆碱酯酶　　　　　　　　B. 羟基酶

  C. 巯基酶　　　　　　　　　D. 磷酸酶

  E. 羧基酶

35. 有机磷农药(如敌百虫)中毒属于　　　　　　　　　　　　（　　）

  A. 不可逆抑制　　　　　　　B. 竞争性抑制

  C. 可逆性抑制　　　　　　　D. 非竞争性抑制

  E. 反竞争性抑制

36. 可解除 $Ag^{2+}$、$Hg^{2+}$ 等重金属离子对酶抑制作用的物质是　　（　　）

  A. 解磷定　　　　　　　　　B. 二巯基丙醇

  C. 磺胺类药　　　　　　　　D. 5FU

  E. MTX

37. 有机磷农药敌敌畏可结合胆碱酯酶活性中心的　　　　　　（　　）

  A. 丝氨酸残基的—OH　　　　B. 半胱氨酸残基的—SH

  C. 色氨酸残基的吲哚基　　　D. 精氨酸残基的胍基

  E. 甲硫氨酸残基的甲硫基

38. 可解除敌敌畏对酶抑制作用的物质是　　　　　　　　　　（　　）

A. 解磷定 B. 二巯基丙醇
C. 磺胺类药物 D. 5FU
E. MTX

39. 磺胺类药物的类似物是 （ ）
    A. 叶酸 B. 对氨基苯甲酸
    C. 谷氨酸 D. 甲氨蝶呤
    E. 二氢叶酸

40. 磺胺类药物抑菌或杀菌作用的机制是 （ ）
    A. 抑制叶酸合成酶 B. 抑制二氢叶酸还原酶
    C. 抑制二氢叶酸合成酶 D. 抑制四氢叶酸还原酶
    E. 抑制四氢叶酸合成酶

41. 下列有关酶与一般催化剂共性的叙述，不正确的是 （ ）
    A. 都能加快反应速度
    B. 其本身在反应前后没有结构和性质上的改变
    C. 只能催化热力学上允许进行的化学反应
    D. 能缩短反应达到平衡所需要的时间
    E. 能改变化学反应的平衡点

42. 下列关于同工酶的描述，错误的是 （ ）
    A. 酶蛋白的结构不同 B. 酶分子活性中心结构不同
    C. 生物学性质相同 D. 催化的化学反应相同
    E. 以上都不是

43. 国际酶学委员会将酶分为6类的依据是 （ ）
    A. 根据酶蛋白的结构 B. 根据酶的物理性质
    C. 根据酶促反应的性质 D. 根据酶的来源
    E. 根据酶所催化的底物

44. 下列关于酶促反应特点的描述，错误的是 （ ）
    A. 酶能加快化学反应速度
    B. 酶在体内催化的反应都是不可逆反应
    C. 酶在反应前后无质和量的变化
    D. 酶对所催化的反应具有高度选择性
    E. 酶能缩短化学反应到达平衡的时间

45. 酶促反应作用的特点是 （ ）
    A. 保证生成的产物比底物更稳定
    B. 使底物获得更多的自由能

C. 加快反应平衡到达的速率

D. 保证底物全部转变成产物

E. 改变反应的平衡常数

46. 酶浓度不变,以反应速度对底物作图,其图像为 （  ）

   A. 直线                B. S 形曲线

   C. 矩形双曲线          D. 抛物线

   E. 钟罩形曲线

47. 含 $LDH_5$ 丰富的组织是 （  ）

   A. 肝                  B. 心肌

   C. 红细胞              D. 肾

   E. 脑

48. 乳酸脱氢酶同工酶是由 H 亚基、M 亚基组成的 （  ）

   A. 二聚体              B. 三聚体

   C. 四聚体              D. 五聚体

   E. 六聚体

49. 酶的国际分类不包括 （  ）

   A. 转移酶类            B. 水解酶类

   C. 裂合酶类            D. 异构酶类

   E. 以上都不是

50. 蛋白酶属于 （  ）

   A. 氧化还原酶类        B. 转移酶类

   C. 裂解酶类            D. 水解酶类

   E. 异构酶类

51. 诱导契合假说认为在形成酶-底物复合物时 （  ）

   A. 酶和底物的构象都发生改变    B. 酶和底物的构象都不发生改变

   C. 主要是酶的构象发生改变      D. 主要是底物的构象发生改变

   E. 主要是辅酶的构象发生改变

52. 酶活性是指 （  ）

   A. 酶催化的反应类型

   B. 酶催化能力的大小

   C. 酶自身变化的能力

   D. 无活性的酶转变成有活性的酶的能力

   E. 以上都不是

53. 胰蛋白酶最初以酶原形式存在的意义是 （  ）

A. 保证蛋白酶的水解效率

B. 促进蛋白酶的分泌

C. 保护胰腺组织免受破坏

D. 保证蛋白酶在一定时间内发挥作用

E. 以上都不是

54. 非竞争性抑制的特点是 (    )

A. 抑制剂与底物结构相似

B. 抑制程度取决于抑制剂的浓度

C. 抑制剂与酶的活性中心结合

D. 酶与抑制剂结合不影响其与底物结合

E. 增加底物浓度可解除抑制

55. 下列关于竞争性抑制作用特点的叙述,错误的是 (    )

A. 抑制剂与底物结构相似

B. 抑制剂与酶的活性中心结合

C. 增加底物浓度可解除抑制

D. 抑制程度与[S]和[I]有关

E. 以上都不是

56. 下列关于酶活性中心的叙述,正确的是 (    )

A. 所有酶的活性中心都含有金属离子

B. 所有抑制剂都作用于酶的活性中心

C. 所有的必需基团都位于活性中心内

D. 所有酶的活性中心都含有辅酶

E. 所有的酶都有活性中心

57. 下列关于酶高效催化作用机制的叙述,错误的是 (    )

A. 邻近效应与定向排列作用　　B. 多元催化作用

C. 酸碱催化作用　　　　　　　D. 表面效应作用

E. 以上都不是

58. 下列哪个不是影响酶促反应速度的因素 (    )

A. 底物浓度　　　　　　　　　B. 酶浓度

C. 反应环境的温度　　　　　　D. 反应环境的pH

E. 酶原浓度

59. 下列关于 $K_m$ 的意义,正确的是 (    )

A. $K_m$ 表示酶的浓度　　　　　B. $1/K_m$ 越小,酶与底物亲和力越大

C. $K_m$ 的单位是 mmol/L　　　D. $K_m$ 值与酶的浓度有关

E. 以上都不是
60. 下列关于 $K_m$ 的叙述,正确的是　　　　　　　　　　　　　（　　）
　　A. 通过 $K_m$ 的测定可鉴定酶的最适底物
　　B. $K_m$ 是最大反应速度时的底物浓度
　　C. $K_m$ 是反映酶催化能力的一个指标
　　D. $K_m$ 与环境的 pH 无关
　　E. 以上都不是

### 三、填空题

1. 全酶由＿＿＿＿和＿＿＿＿两部分组成,其中＿＿＿＿决定酶催化反应的特异性,而＿＿＿＿决定反应的类型。

2. 根据与酶蛋白结合的紧密程度,辅助因子分为＿＿＿＿和＿＿＿＿,其中＿＿＿＿与酶蛋白结合紧密,不能通过透析或超滤去除,＿＿＿＿与酶蛋白结合疏松,可用透析或超滤去除。

3. 酶是由活细胞产生的具有催化作用的特殊＿＿＿＿或＿＿＿＿。

4. 根据系统分类法,酶按所催化的化学反应性质可分为 6 类,即＿＿＿＿、＿＿＿＿、＿＿＿＿、＿＿＿＿、＿＿＿＿和＿＿＿＿。

5. 酶的活性中心包括＿＿＿＿和＿＿＿＿两种必需基团,其中与底物直接结合的称为＿＿＿＿,催化底物转化为产物的称为＿＿＿＿。

6. 体内主要通过两种方式调节酶的活性,分别是＿＿＿＿和＿＿＿＿。

7. LDH 同工酶分为 5 种,心肌细胞中含量最高的是＿＿＿＿,肝细胞中含量最高的是＿＿＿＿。

8. 竞争性抑制剂的结构必须与＿＿＿＿的结构相似,并与其竞争同一个酶的＿＿＿＿。

9. 酶对底物的选择性称为酶的特异性,可分为＿＿＿＿、＿＿＿＿和＿＿＿＿。

10. 酶区别于一般催化剂催化化学反应的 4 个特点分别是＿＿＿＿、＿＿＿＿、＿＿＿＿和＿＿＿＿。

### 四、简答题

试述影响酶活性的因素及它们是如何影响酶的催化活性的。

# 第五章　生物氧化

## 知识要点

### 一、概述

1. 生物氧化：有机物在体内经氧化分解生成 $CO_2$ 和 $H_2O$，并释放出能量的过程。

2. 特点：反应条件温和；$CO_2$ 为有机酸脱羧生成，$H_2O$ 为底物脱氢后经传递交给氧生成；有酶催化，能量逐步释放；速率受调节。

### 二、呼吸链和氧化磷酸化

1. 呼吸链：代谢物脱下的 2H 经一系列的酶和辅酶传递，交给氧生成水，这一系列的酶和辅酶组成的传递链称为呼吸链。

2. 呼吸链的组成：5 种组分（递氢体：辅酶Ⅰ、黄素蛋白和泛醌；递电子体：铁硫蛋白、细胞色素）；4 个复合体（复合体Ⅰ、Ⅱ、Ⅲ、Ⅳ）。

NADH 氧化呼吸链：

NADH→FMN(FeS)→Q→Cyt b→Cyt $c_1$→Cyt c→Cyt $aa_3$→$O_2$

琥珀酸氧化呼吸链：（琥珀酸、α-磷酸甘油、脂酰 CoA）

琥珀酸→FAD(FeS)→Q→Cyt b→Cyt $c_1$→Cyt c→Cyt $aa_3$→$O_2$

3. 胞液中 NADH 的氧化：转运进线粒体后经两条呼吸链氧化生成水。

α-磷酸甘油穿梭（脑、骨骼肌，线粒体内氢的受体为 FAD）

苹果酸-天冬氨酸穿梭（心、肝、肾，线粒体内氢的受体为 $NAD^+$）

4. ATP 的生成方式：底物水平磷酸化：代谢物因脱氢或脱水引起分子内能量重新分布，产生高能键生成 ATP 或 GTP 的过程。

氧化磷酸化：代谢物脱下的 2H 经呼吸链传递释放的能量，驱动 ADP 磷酸化生成 ATP 的过程。（体内生成 ATP 的主要方式）

5. P/O 比：消耗的无机磷和氧原子的物质的量之比。NADH 氧化呼吸链的 P/O 比为 2.5；$FADH_2$ 氧化呼吸链的 P/O 比为 1.5。

6. 影响氧化磷酸化的因素：抑制剂（呼吸链抑制剂：鱼藤酮、异戊巴比妥、抗霉素 A、CO、$CN^-$、$H_2S$；解偶联剂：二硝基苯酚；ATP 合酶抑制剂：寡霉素）；甲状腺素；ATP/ADP 比值。

7. ATP 是能量的直接供体；磷酸肌酸是能量的储存形式。

### 三、其他氧化体系

加单氧酶又称混合功能氧化酶、羟化酶，参与类固醇激素、胆汁酸、胆色素的羟基化及药物毒物在体内的生物转化。

## 配套习题

### 一、名词解释

1. 生物氧化

2. 呼吸链

3. 氧化磷酸化

4. 底物水平磷酸化

### 二、选择题

1. 生物氧化的特点不包括 （　　）
   A. 能量逐步释放　　　　　　B. 有酶催化
   C. 常温常压下进行　　　　　D. 能量全部以热能形式释放
   E. 可产生 ATP

2. 下列关于生物氧化时能量释放的叙述，错误的是 （　　）
   A. 生物氧化过程中总能量变化与反应途径无关
   B. 生物氧化是机体生成 ATP 的主要方式
   C. 线粒体是生物氧化和产能的主要部位
   D. 只能通过氧化磷酸化生成 ATP
   E. 生物氧化释放的部分能量用于 ADP 的磷酸化

3. 生物氧化中 $CO_2$ 的产生是 （ ）
   A. 呼吸链的氧化还原过程中产生的　　B. 有机酸脱羧
   C. 糖原的合成　　D. 碳原子被氧原子氧化
   E. 以上都不是

4. 下列关于不需氧脱氢酶的叙述，正确的是 （ ）
   A. 其受氢体不是辅酶
   B. 产物一定有 $H_2O_2$
   C. 辅酶只能是 $NAD^+$ 而不能是 FAD
   D. 辅酶一定有 Fe-S
   E. 还原型辅酶经呼吸链传递后氢与氧结合成 $H_2O$

5. 下列关于 $NAD^+$ 性质的叙述，错误的是 （ ）
   A. 烟酰胺部分可进行可逆的加氢及脱氢
   B. 与蛋白质等物质结合形成复合体
   C. 不需氧脱氢酶的辅酶
   D. 每次接受两个氢及两个电子
   E. 其分子含维生素 PP

6. 不参与组成呼吸链的化合物是 （ ）
   A. CoQ　　B. FAD
   C. Cyt b　　D. 肉碱
   E. 铁硫蛋白

7. 呼吸链中既能传导电子又能传递氢的传递体是 （ ）
   A. 铁硫蛋白　　B. 细胞色素 b
   C. 细胞色素 c　　D. 细胞色素 $a_3$
   E. 以上都不是

8. 丙酮酸氧化时脱下的氢进入呼吸链的部位是 （ ）
   A. CoQ　　B. NADH-CoQ 还原酶
   C. $CoQH_2$-Cyt c　　D. Cyt c 氧化酶
   E. 以上都不是

9. 下列代谢物经过一种酶脱下的 2H，不能经过 NADH 呼吸链氧化的是 （ ）
   A. 苹果酸　　B. 异柠檬酸
   C. 琥珀酸　　D. 丙酮酸
   E. $\alpha$-酮戊二酸

10. 呼吸链中属于脂溶性成分的是 （ ）

A. FMN  B. NAD$^+$

C. 铁硫蛋白  D. 细胞色素 c

E. 辅酶 Q

11. 各种细胞色素在呼吸链中传递电子的顺序是 ( )

A. a→a$_3$→b→c$_1$→1/2O$_2$  B. b→c$_1$→c→a→a$_3$→1/2O$_2$

C. a$_1$→b→c→a→a$_3$→1/2O$_2$  D. a→a$_3$→b→c$_1$→a→a$_3$→1/2O$_2$

E. c→c$_1$→b→aa$_3$→1/2O$_2$

12. 下列关于呼吸链的叙述,错误的是 ( )

A. 复合体Ⅲ和Ⅳ为两条呼吸链共有

B. 可抑制 Cyt aa$_3$ 阻断电子传递

C. 递氢体只递氢,不传递电子

D. Cyt aa$_3$ 结合较紧密

E. ATP 的产生为氧化磷酸化过程

13. 参与呼吸链传递电子的金属离子是 ( )

A. 镁离子  B. 铁离子

C. 钼离子  D. 钴离子

E. 以上均是

14. 下列关于呼吸链组成成分的说法,错误的是 ( )

A. CoQ 通常与蛋白质结合存在  B. Cyt a 与 Cyt a$_3$ 结合牢固

C. FAD 的功能部位为维生素 B$_2$  D. 细胞色素的辅基为铁卟啉

E. 铁硫蛋白的半胱氨酸的硫原子和铁原子连接

15. 细胞色素有 ( )

A. 胆红素  B. 铁卟啉

C. 血红素  D. FAD

E. NAD$^+$

16. 呼吸链中不具有质子泵功能的是 ( )

A. 复合体Ⅰ  B. 复合体Ⅱ

C. 复合体Ⅲ  D. 复合体Ⅳ

E. 以上均具有质子泵功能

17. 在呼吸链中能将电子传递给氧的传递体是 ( )

A. 铁硫蛋白  B. 细胞色素 b

C. 细胞色素 c  D. 细胞色素 a$_3$

E. 细胞色素 c$_1$

18. 电子按下列各式传递,能偶联磷酸化的是 ( )

  A. Cyt aa$_3$→1/2O$_2$      B. 琥珀酸→FAD

  C. CoQ→Cyt b        D. SH$_2$→NAD$^+$

  E. 以上都不是

19. 肌酸激酶催化的化学反应是              ( )

  A. 肌酸→肌酐        B. 肌酸＋ATP→磷酸肌酸＋ADP

  C. 肌酸＋CTP→磷酸肌酸＋CTP   D. 乳酸→丙酮酸

  E. 肌酸＋UTP→磷酸肌酸＋UDP

20. 调节氧化磷酸化作用中最主要的因素是          ( )

  A. FADH$_2$          B. O$_2$

  C. Cyt aa$_3$          D. [ATP]/[ADP]

  E. NADH

21. 调节氧化磷酸化最重要的激素为            ( )

  A. 肾上腺素         B. 甲状腺素

  C. 肾上腺皮质激素       D. 胰岛素

  E. 生长素

22. 携带胞浆中的NADH进入线粒体的是          ( )

  A. 肉碱           B. 苹果酸

  C. 草酰乙酸         D. α-酮戊二酸

  E. 天冬氨酸

23. 苹果酸-天冬氨酸穿梭的意义是            ( )

  A. 将草酰乙酸带入线粒体内彻底氧化

  B. 维持线粒体内外有机酸的平衡

  C. 为三羧酸循环提供足够的草酰乙酸

  D. 将NADH＋H$^+$上的H带入线粒体

  E. 将乙酰CoA转移出线粒体

24. 属于底物水平磷酸化的反应是             ( )

  A. 1,3-二磷酸甘油酸→3-磷酸甘油酸

  B. 苹果酸→草酰乙酸

  C. 丙酮酸→乙酰辅酶A

  D. 琥珀酸→延胡索酸

  E. 异柠檬酸→α-酮戊二酸

25. 脑和肌肉能量的主要储存形式是            ( )

  A. 磷酸烯醇式丙酮酸      B. 磷脂酰肌醇

  C. 肌酸           D. 磷酸肌酸

E. 以上均不是

26. 人体活动主要的直接供能物质是 （  ）
    A. 葡萄糖               B. 脂肪酸
    C. 磷酸肌酸             D. GTP
    E. ATP

27. 下列关于高能磷酸键的叙述，正确的是 （  ）
    A. 含高能键的化合物都含有高能磷酸键
    B. 有高能磷酸键变化的反应都是不可逆的
    C. 体内高能磷酸键的产生主要是氧化磷酸化方式
    D. 体内的高能磷酸键主要是 CTP 形式
    E. 体内的高能磷酸键仅存在 ATP

28. 某底物脱下的 2H 氧化时，P/O 比值约为 2.5，应从何处进入呼吸链（  ）
    A. FAD                 B. $NAD^+$
    C. CoQ                 D. Cyt b
    E. Cyt $aa_3$

29. 线粒体氧化磷酸化解偶联意味着 （  ）
    A. 线粒体氧化作用停止
    B. 线粒体膜变性
    C. 线粒体三羧酸循环停止
    D. 线粒体能利用氧但不能生成 ATP
    E. 以上都不是

30. 解偶联物质是 （  ）
    A. 一氧化碳             B. 二硝基苯酚
    C. 鱼藤酮               D. 氰化物
    E. ATP

31. 阻断 Cyt $aa_3$→$O_2$ 的电子传递的物质不包括 （  ）
    A. $CN^-$               B. $H_2S$
    C. CO                  D. 异戊巴比妥
    E. 以上都不是

32. 下列关于非线粒体的生物氧化特点的叙述，错误的是 （  ）
    A. 可产生氧自由基
    B. 仅存在于肝
    C. 参与药物、毒物及代谢物的生物转化
    D. 不伴磷酸化

E. 包括微粒体氧化体系、过氧化物体系及 SOD

33. 下列关于加单氧酶的叙述,错误的是　　　　　　　　　　　　　　　(　　)
   A. 此酶又称羟化酶　　　　　　B. 发挥催化作用时需要氧分子
   C. 该酶催化的反应中有 NADPH　D. 产物中常有 $H_2O_2$
   E. 混合功能氧化酶就是单加氧酶

34. 催化的反应与 $H_2O_2$ 无关的是　　　　　　　　　　　　　　　　　(　　)
   A. SOD　　　　　　　　　　　B. 过氧化氢酶
   C. 羟化酶　　　　　　　　　　D. 过氧化物酶
   E. 以上都不是

### 三、填空题

1. 生物氧化的方式有_____、_____和_____反应。

2. 组成呼吸链的蛋白质-酶复合体分别是_____、_____、_____、_____。

3. 体内 $CO_2$ 的生成来源于有机酸的脱羧反应,其生成方式为_____、_____、_____。

4. 底物脱下的氢经 NADH 氧化呼吸链传递,P/O 比值约为_____,经琥珀酸氧化呼吸链传递,P/O 比值约为_____。

5. 两条呼吸链在_____处汇合,它们共同含有的复合体有_____和_____。

6. 胞浆中 NADH 进入线粒体内膜,必须借助_____和_____两种穿梭机制才能被转入线粒体。

7. ATP 的产生有两种方式,一种是_____,另一种是_____。

### 四、简答题

1. 试述呼吸链的组成成分及功能,并写出体内两条主要呼吸链的传递链。

2. 影响氧化磷酸化的因素有哪些?

# 第六章 糖代谢

> 知识要点

## 一、糖原的合成与分解

1. 糖原合成：由单糖合成糖原的过程称为糖原合成。细胞定位：胞液；葡萄糖的供体：UDPG；关键酶：糖原合酶；分支结构：分支酶。

2. 糖原分解：肝糖原分解为葡萄糖的过程。细胞定位：胞液；关键酶：磷酸化酶，直接产物为 G-1-P；支分支：脱支酶，水解产物为 G。

3. 生理意义：维持血糖浓度，储存和提供能量。

## 二、糖的分解代谢

1. 糖酵解的主要过程分为 2 个阶段：糖酵解途径 10 步反应，从 G→丙酮酸有 1 步脱氢，4 步有 ATP 的参与；丙酮酸还原成乳酸。关键酶：己糖激酶、磷酸果糖激酶Ⅰ、丙酮酸激酶；细胞定位：胞液。

2. 糖酵解的生理意义：缺氧时供能的主要方式（1G 净生成 2ATP，从糖原开始 1 分子葡萄糖单位净生成 3 分子 ATP）；某些细胞在氧供应正常情况下的重要供能途径；2,3-BPG 对于调节红细胞的带氧功能具有重要的生理意义；为体内其他物质的合成提供原料。

3. 糖有氧氧化的基本过程分为 3 个阶段：糖酵解途径；丙酮酸氧化脱羧；乙酰 CoA 的彻底氧化。细胞定位：胞液及线粒体；关键酶：丙酮酸脱氢酶系、柠檬酸合酶、异柠檬酸脱氢酶、α-酮戊二酸脱氢酶系。

4. 丙酮酸脱氢酶系（α-酮戊二酸脱氢酶系）所含的辅助因子：TPP（$B_1$）、硫辛酸、CoA（泛酸）、FAD（$B_2$）、$NAD^+$（PP）。

5. TAC/柠檬酸循环/Krebs 循环有 1 步底物水平磷酸化生成 GTP，4 步脱氢反应生成 1 分子 $FADH_2$ 和 3 分子 NADH。

6. 糖有氧氧化生理意义：是机体供应能量的主要方式；TAC 是营养物质氧化分解的共同途径；TAC 是营养物质代谢联系的枢纽。

7. 有氧氧化能量的生成：1 乙酰 CoA＝10ATP；1 丙酮酸＝12.5ATP；1G＝30 或 32ATP。(1 甘油＝16.5～18.5ATP)

8. 磷酸戊糖途径的生理意义：是体内生成 5-磷酸核糖的唯一途径；是体内生成供氢体 NADPH＋H$^+$ 的主要方式。细胞定位：胞液；关键酶：6-磷酸葡萄糖脱氢酶。

## 三、糖异生

1. 概念：由非糖物质转变为葡萄糖或糖原的过程。

2. 关键酶：丙酮酸羧化酶、磷酸烯醇式丙酮酸羧激酶、果糖二磷酸酶-1、葡萄糖-6-磷酸酶；细胞定位：线粒体及胞液。

3. 生理意义：维持血糖浓度恒定；体内乳酸利用的主要方式；有利于维持酸碱平衡(肾)；协助氨基酸代谢。

4. 乳酸循环：肌肉组织中糖酵解生成的乳酸，随血液运输到肝脏后异生为葡萄糖，葡萄糖随血液运回肌肉组织供应能量，该循环过程称为乳酸循环。

5. 生理意义：有助于乳酸的再利用及防止乳酸堆积导致酸中毒。

## 四、血糖

1. 概念：血液中的葡萄糖。

2. 血糖的来源：消化吸收、肝糖原分解、糖异生；去路：氧化供能、合成糖原、转变为其他物质、随尿排出。

3. 血糖的调节：肝(肝糖原的合成和分解)；激素(胰岛素、胰高血糖素、糖皮质激素和肾上腺素)。

4. 空腹血糖正常值：3.89～6.11 mmol/L；高血糖：血糖值高于 6.9 mmol/L；低血糖：血糖值低于 3.0 mmol/L；肾糖阈：肾小管对葡萄糖的最大重吸收能力。

## 配套习题

### 一、名词解释

1. 糖原合成

2. 糖原分解

3. 糖异生

4. 乳酸循环

5. 血糖

二、选择题

1. 参与糖酵解途径的 3 个不可逆反应的酶是 （   ）
   A. 葡萄糖激酶、己糖激酶、磷酸果糖激酶
   B. 甘油磷酸激酶、磷酸果糖激酶、丙酮酸激酶
   C. 葡萄糖激酶、己糖激酶、丙酮酸激酶
   D. 己糖激酶、磷酸果糖激酶、丙酮酸激酶
   E. 甘油磷酸激酶、磷酸果糖激酶、己糖激酶

2. 下列化合物中不属于丙酮酸氧化脱氢酶系组成成分的是 （   ）
   A. TPP              B. 硫辛酸
   C. FMN              D. FAD
   E. $NAD^+$

3. 主要发生在线粒体中的代谢途径是 （   ）
   A. 糖酵解途径        B. 三羧酸循环
   C. 磷酸戊糖途径      D. 脂肪酸合成
   E. 乳酸循环

4. 主要在肝中发挥催化作用的己糖激酶同工酶是 （   ）
   A. Ⅰ型              B. Ⅱ型
   C. Ⅲ型              D. Ⅳ型
   E. Ⅴ型

5. 糖原中 1 个葡萄糖基转变为 2 分子乳酸,可净得 ATP 的分子数是 （   ）
   A. 1                B. 2
   C. 3                D. 4
   E. 5

6. 可导致丙酮酸氧化脱氢酶系活性升高的情况是 （   ）
   A. ATP/ADP 比值升高    B. $CH_3COCoA$/CoA 比值升高

C. NADH/NAD⁺ 比值升高　　　D. 细胞的能量生成增多

E. 细胞的能量减少

7. 下列关于乳酸循环的描述,不正确的是　　　　　　　　　　　　(　　)

A. 有助于防止酸中毒的发生　　B. 有助于维持血糖浓度

C. 有助于糖异生作用　　　　　D. 有助于机体供氧

E. 有助于乳酸再利用

8. 糖酵解时提供～P 使 ADP 生成 ATP 的一对代谢物是　　　　　(　　)

A. 3-磷酸甘油醛及磷酸果糖

B. 1,3-二磷酸甘油酸及磷酸烯醇式丙酮酸

C. 3-磷酸甘油酸及 6-磷酸葡萄糖

D. 1-磷酸葡萄糖及磷酸烯醇式丙酮酸

E. 1,6 二磷酸果糖及 1,3-二磷酸甘油酸

9. 用于糖原合成的 1-磷酸葡萄糖首先要经何种物质活化　　　　(　　)

A. ATP　　　　　　　　　　　B. CTP

C. GTP　　　　　　　　　　　D. UTP

E. TTP

10. 在糖原分子中每增加 1 个葡萄糖残基,需要消耗高能磷酸键的个数是

(　　)

A. 2　　　　　　　　　　　　B. 3

C. 4　　　　　　　　　　　　D. 5

E. 6

11. 直接参与底物水平磷酸化的是　　　　　　　　　　　　　　(　　)

A. α-酮戊二酸脱氢酶　　　　　B. 3-磷酸甘油醛脱氢酶

C. 琥珀酸脱氢酶　　　　　　　D. 6-磷酸葡萄糖脱氢酶

E. 磷酸甘油酸激酶

12. 成熟红细胞中糖酵解的主要功能是　　　　　　　　　　　　(　　)

A. 调节红细胞的带氧状态　　　B. 供应能量

C. 提供磷酸戊糖　　　　　　　D. 对抗糖异生

E. 提供合成用原料

13. 糖酵解途径中生成的丙酮酸必须进入线粒体内氧化,因为　　(　　)

A. 乳酸不能通过线粒体膜

B. 为了保持胞质的电荷中性

C. 丙酮酸氧化脱氢酶系在线粒体内

D. 胞质中生成的丙酮酸别无其他去路

E. 丙酮酸堆积能引起酸中毒

14. 与糖酵解途径无关的酶是 （  ）
    A. 己糖激酶  B. 磷酸果糖激酶
    C. 烯醇化酶  D. 磷酸烯醇式丙酮酸羧激酶
    E. 丙酮酸激酶

15. 下列关于糖的有氧氧化的描述,错误的是 （  ）
    A. 糖有氧氧化的产物是 $CO_2$ 和 $H_2O$
    B. 糖有氧氧化是细胞获得能量的主要方式
    C. 三羧酸循环是三大营养物质相互转变的途径
    D. 有氧氧化在胞浆中进行
    E. 葡萄糖氧化成 $CO_2$ 和 $H_2O$ 时可生成 30 个或 32 个 ATP

16. 空腹饮酒可导致低血糖,其可能的原因为 （  ）
    A. 乙醇氧化时消化过多的 $NAD^+$,影响乳酸经糖异生作用转变为血糖
    B. 饮酒影响外源性葡萄糖的吸收
    C. 饮酒刺激胰岛素分泌而致低血糖
    D. 乙醇代谢过程中消耗肝糖原
    E. 以上都不是

17. 合成糖原时葡萄糖的直接供体是 （  ）
    A. 1-磷酸葡萄糖  B. CDPG
    C. 6-磷酸葡萄糖  D. GDPG
    E. UDPG

18. 下列关于糖原合成的描述,错误的是 （  ）
    A. 糖原合成过程中有焦磷酸生成
    B. 糖原合酶催化形成分支
    C. 从 1-磷酸葡萄糖合成糖原要消耗~P
    D. 葡萄糖供体是 UDPG
    E. 葡萄糖基加到糖链的非还原端

19. 糖原分解所得到的初产物是 （  ）
    A. UDPG  B. 葡萄糖
    C. 1-磷酸葡萄糖  D. 1-磷酸葡萄糖和葡萄糖
    E. 6-磷酸葡萄糖

20. 1 分子磷酸二羟丙酮生成为乳酸可生成几个 ATP （  ）
    A. 2 个  B. 3 个
    C. 4 个  D. 5 个

E. 6个

21. 与丙酮酸异生为葡萄糖无关的酶是 （　　）
    A. 果糖二磷酸酶Ⅰ　　　　B. 烯醇化酶
    C. 丙酮酸激酶　　　　　　D. 醛缩酶
    E. 磷酸己糖异构酶

22. 下列酶促反应中属于可逆反应的是 （　　）
    A. 糖原磷酸化酶　　　　　B. 磷酸甘油酸激酶
    C. 己糖激酶　　　　　　　D. 丙酮酸激酶
    E. 果糖二磷酸酶

23. 糖酵解途径中催化不可逆反应的是 （　　）
    A. 3-磷酸甘油醛脱氢酶　　B. 磷酸甘油酸激酶
    C. 醛缩酶　　　　　　　　D. 烯醇化酶
    E. 丙酮酸激酶

24. 下列关于糖原合成的描述，错误的是 （　　）
    A. 1-磷酸葡萄糖可直接用于合成糖原
    B. UDPG 是葡萄糖供体
    C. 糖原分支形成不依靠糖原合酶
    D. 糖原合酶不能催化 2 个游离葡萄糖以 α-1,4-糖苷键相连
    E. 糖原合酶反应是不可逆的

25. 1 分子葡萄糖经磷酸戊糖途径代谢可生成 （　　）
    A. 1 分子 NADH　　　　　B. 2 分子 NADH
    C. 1 分子 NADPH　　　　 D. 2 分子 $CO_2$
    E. 2 分子 NADPH

26. 磷酸戊糖途径 （　　）
    A. 是体内 $CO_2$ 的主要来源
    B. 可生成 NADPH 直接通过呼吸链产生 ATP
    C. 可生成 NADPH，供还原性合成代谢需要
    D. 是体内生成糖醛酸的途径
    E. 饥饿时葡萄糖经此途径代谢增加

27. 血糖浓度低时脑仍可摄取葡萄糖而肝不能是因为 （　　）
    A. 胰岛素的调节作用
    B. 己糖激酶与葡萄糖的亲和力强
    C. 葡萄糖激酶与葡萄糖的亲和力强
    D. 血脑屏障在血糖低时不起作用

E. 以上都不是

28. 糖代谢中间产物中含有高能磷酸键的是 （ ）

    A. 6-磷酸葡萄糖     B. 6-磷酸果糖

    C. 1,6-二磷酸果糖     D. 磷酸烯醇式丙酮酸

    E. 3-磷酸甘油醛

29. 肌糖原分解不能直接转变为血糖的原因是 （ ）

    A. 肌肉组织缺乏己糖激酶

    B. 肌肉组织缺乏葡萄糖激酶

    C. 肌肉组织缺乏糖原合酶

    D. 肌肉组织缺乏葡萄糖-6-磷酸酶

    E. 肌肉组织缺乏糖原磷酸化酶

30. 下列关于尿糖的描述，正确的是 （ ）

    A. 尿糖阳性，血糖一定升高

    B. 尿糖阳性是由于肾小管不能将糖全部重吸收

    C. 尿糖阳性肯定是有糖代谢紊乱

    D. 尿糖阳性是诊断糖尿病的唯一依据

    E. 尿糖阳性一定是由于胰岛素分泌不足

31. 糖有氧氧化的部位在 （ ）

    A. 胞浆     B. 胞核

    C. 线粒体     D. 高尔基体

    E. 胞浆和线粒体

32. 氨基酸生成糖的途径是 （ ）

    A. 糖有氧氧化     B. 糖酵解

    C. 糖原分解     D. 糖原合成

    E. 糖异生

33. 1分子乙酰CoA经三羧酸循环净生成的ATP数为 （ ）

    A. 2     B. 3

    C. 6     D. 12

    E. 10

34. 下列关于三羧酸循环的叙述，不正确的是 （ ）

    A. 产生 NADH 和 $FADH_2$

    B. 有 GTP 生成

    C. 把1分子乙酰基氧化为 $CO_2$ 和 $H_2O$

    D. 提供草酰乙酸的净合成

E. 在无氧条件下不能运转

35. 对糖酵解和糖异生都起催化作用的酶是　　　　　　　　　　　　（　　）
    A. 丙酮酸激酶　　　　　　　B. 丙酮酸羧化酶
    C. 3-磷酸甘油酸脱氢酶　　　D. 果糖二磷酸酶
    E. 己糖激酶

36. 不属于升高血糖的激素是　　　　　　　　　　　　　　　　　　（　　）
    A. 胰高血糖素　　　　　　　B. 肾上腺素
    C. 生长激素　　　　　　　　D. 肾上腺皮质激素
    E. 胰岛素

37. 催化丙酮酸生成草酰乙酸的酶是　　　　　　　　　　　　　　　（　　）
    A. 乳酸脱氢酶　　　　　　　B. 醛缩酶
    C. 丙酮酸羧化酶　　　　　　D. 丙酮酸激酶
    E. 丙酮酸氧化脱氢酶系

38. 糖异生的主要意义在于　　　　　　　　　　　　　　　　　　　（　　）
    A. 防止酸中毒
    B. 由乳酸等物质转变为糖原
    C. 更新肝糖原
    D. 维持饥饿情况下血糖浓度的相对稳定
    E. 保证机体在缺氧时获得能量

39. 糖酵解过程中最主要的限速酶是　　　　　　　　　　　　　　　（　　）
    A. 己糖激酶　　　　　　　　B. 磷酸果糖激酶
    C. 丙酮酸激酶　　　　　　　D. 乳酸脱氢酶
    E. 烯醇化酶

40. 使三羧酸循环得以顺利进行的关键物质是　　　　　　　　　　　（　　）
    A. 乙酰辅酶A　　　　　　　B. α-酮戊二酸
    C. 柠檬酸　　　　　　　　　D. 琥珀酰辅酶A
    E. 草酰乙酸

41. 促进糖原合成的激素是　　　　　　　　　　　　　　　　　　　（　　）
    A. 肾上腺素　　　　　　　　B. 胰高血糖素
    C. 胰岛素　　　　　　　　　D. 肾上腺皮质激素
    E. 甲状腺素

42. 调节人体血糖浓度最重要的器官是　　　　　　　　　　　　　　（　　）
    A. 心　　　　　　　　　　　B. 肝
    C. 脾　　　　　　　　　　　D. 肺

E. 肾

43. 糖原合成过程的限速酶是 (　　)

　　A. 糖原合酶　　　　　　　B. 糖原磷酸化酶

　　C. 丙酮酸氧化脱氢酶系　　D. 磷酸果糖激酶

　　E. 柠檬酸合酶

44. 糖原分解过程的限速酶是 (　　)

　　A. 糖原合酶　　　　　　　B. 糖原磷酸化酶

　　C. 丙酮酸氧化脱氢酶系　　D. 磷酸果糖激酶

　　E. 柠檬酸合酶

45. 完全依靠糖酵解供能的组织细胞是 (　　)

　　A. 肌肉　　　　　B. 肺

　　C. 肝　　　　　　D. 成熟红细胞

　　E. 肾

46. 5-磷酸核糖的主要来源是 (　　)

　　A. 糖酵解　　　　B. 糖有氧氧化

　　C. 磷酸戊糖途径　D. 脂肪酸氧化

　　E. 糖异生

47. 糖酵解途径的细胞定位是 (　　)

　　A. 线粒体　　　　B. 线粒体及胞液

　　C. 胞液　　　　　D. 内质网

　　E. 细胞核

48. 三羧酸循环及氧化磷酸化的细胞定位是 (　　)

　　A. 线粒体　　　　B. 线粒体及胞液

　　C. 胞液　　　　　D. 内质网

　　E. 细胞核

49. 下列关于糖酵解的叙述，错误的是 (　　)

　　A. 整个反应过程不耗氧　　B. 该反应的终产物是乳酸

　　C. 可净生成少量 ATP　　　D. 无脱氢反应,不产生 NADH+$H^+$

　　E. 是成熟红细胞获得能量的主要方式

50. 三羧酸循环中的底物水平磷酸化反应是 (　　)

　　A. 异柠檬酸生成 α-酮戊二酸

　　B. α-酮戊二酸生成琥珀酰辅酶 A

　　C. 琥珀酰辅酶 A 生成琥珀酸

　　D. 琥珀酸生成延胡索酸

E. 延胡索酸生成苹果酸

51. 6-磷酸葡萄糖脱氢酶的辅酶是 （    ）
    A. FMN                    B. FAD
    C. NAD$^+$                D. NADP$^+$
    E. TPP

52. 下列关于 NADPH 功能的叙述,错误的是 （    ）
    A. 为脂肪酸合成提供氢原子    B. 参与生物转化反应
    C. 维持谷胱甘肽的还原状态    D. 直接经电子传递链氧化供能
    E. 为胆固醇合成提供氢原子

53. 红细胞中还原型谷胱甘肽不足容易引起溶血,原因是缺乏 （    ）
    A. 葡萄糖-6-磷酸酶          B. 果糖二磷酸酶
    C. 磷酸果糖激酶            D. 6-磷酸葡萄糖脱氢酶
    E. 葡萄糖激酶

54. 组成核酸的核糖主要来源于 （    ）
    A. 糖的有氧氧化            B. 糖异生
    C. 磷酸戊糖途径            D. 糖酵解
    E. 糖原合成

55. 葡萄糖有氧氧化过程中的脱氢反应次数有 （    ）
    A. 3 次                   B. 4 次
    C. 5 次                   D. 6 次
    E. 7 次

56. 三羧酸循环中为 FAD 提供 2H 的反应是 （    ）
    A. 柠檬酸生成异柠檬酸       B. 异柠檬酸生成 α-酮戊二酸
    C. α-酮戊二酸生成琥珀酸     D. 琥珀酸生成延胡索酸
    E. 延胡索酸生成苹果酸

57. 不需要维生素 $B_2$ 参与的反应是 （    ）
    A. 丙酮酸生成乙酰 CoA       B. 苹果酸生成草酰乙酸
    C. 琥珀酸生成延胡索酸       D. α-酮戊二酸生成琥珀酰 CoA
    E. 以上都不是

58. 不能进行糖异生的物质是 （    ）
    A. 乳酸                   B. 丙酮酸
    C. 草酰乙酸                D. 脂肪酸
    E. 天冬氨酸

59. 与糖原合成无关的因素是 （    ）

A. UTP                          B. 糖原合酶
C. 分支酶                        D. 脱支酶
E. 糖原蛋白

60. 可以直接合成肌糖原的物质是                                （    ）
A. 半乳糖                        B. 果糖
C. 甘露糖                        D. 葡萄糖
E. 麦芽糖

61. 1分子葡萄糖进行有氧氧化时底物水平磷酸化的次数是            （    ）
A. 2                            B. 3
C. 4                            D. 5
E. 6

62. 乳酸循环不涉及的途径是                                    （    ）
A. 糖酵解                        B. 糖异生
C. 糖原合成                      D. 糖原分解
E. 以上都不是

### 三、填空题

1. 1分子葡萄糖经糖酵解可净生成_____分子 ATP 和_____分子乳酸;经有氧氧化可净生成_____ATP。
2. 催化糖酵解途径中 3 个不可逆反应的酶是_____、_____、_____。
3. 糖异生途径的关键酶是_____、_____、_____、_____。
4. 糖原合成途径的关键酶是_____,糖原分解途径的关键酶是_____。
5. 一次三羧酸循环共发生_____次脱氢反应,_____次脱羧反应,_____次底物水平磷酸化,共生成_____分子 ATP。
6. 丙酮酸氧化脱氢酶系包括_____种酶和_____种辅助因子。
7. 血糖的主要来源有_____、_____、_____,主要去路有_____、_____、_____。
8. 升高血糖的激素主要有_____、_____、_____等,降低血糖的激素是_____。
9. 糖的有氧氧化的细胞定位在_____、_____。
10. 磷酸戊糖途径的关键酶是_____。
11. 糖异生的主要原料有_____、_____、_____等。

**四、简答题**

简述乳酸循环的过程及其生理意义。

# 第七章 脂类代谢

## 知识要点

### 一、概述

1. 分类:脂肪(甘油三酯 TG)、类脂(Ch、CE、PL、GL)。

2. 生理功能:脂肪(储能与供能,保护内脏和保温,供给必需脂肪酸);类脂(维持生物膜结构和功能,作为第二信使参与代谢调节,转变为生理活性物质)。

3. 必需脂肪酸:人体需要而又不能自身合成,必须从食物中摄取的脂肪酸。种类:亚油酸、亚麻酸、花生四烯酸。

4. 血脂的组成:TG、PL、Ch、CE、FFA。血脂主要以血浆脂蛋白的形式转运,而游离脂肪酸和清蛋白结合运输。

### 二、甘油三酯的代谢

1. 脂肪动员:脂肪组织中储存的甘油三酯在脂肪酶的催化下逐步水解为 FFA 和甘油,释放入血供其他组织氧化利用的过程。关键酶:HSL。

2. 甘油的代谢:活化为 $\alpha$-磷酸甘油(肝肾)后转变为 DHAP 参与糖的代谢,完全氧化可净生成 16.5~18.5 个 ATP。

3. 脂肪酸 $\beta$-氧化的过程分为 4 个阶段:FA 活化、脂酰 CoA 进入线粒体(载体:肉碱)、$\beta$-氧化(脱氢、加水、再脱氢、硫解四步的循环)、乙酰 CoA 的彻底氧化;产能:$2n$ 个碳原子的 FA 净生成 $14n-6$ 个 ATP;关键酶:CAT Ⅰ;细胞定位:胞液及线粒体。

4. 酮体:乙酰乙酸、$\beta$-羟丁酸和丙酮三者的总称。酮体生成的关键酶:HMG-CoA 合酶;利用的关键酶:硫激酶或转硫酶;代谢的特点:肝内生酮肝外用;生理意义:肝脏输出脂类能源的一种形式。

5. 脂肪酸合成的原料:乙酰 CoA、$HCO_3^-$、NADPH、ATP;细胞定位:胞液;关键酶:乙酰 CoA 羧化酶。$\alpha$-磷酸甘油的生成:由甘油活化或 DHAP 还原。甘油三酯合成的部位:内质网。

### 三、磷脂的代谢

1. 体内三种重要的甘油磷脂：卵磷脂（磷脂酰胆碱）、脑磷脂（磷脂酰乙醇胺）、心磷脂（二磷脂酰甘油）。

2. 磷脂合成的部位：内质网；原料：脂肪酸、甘油、磷酸盐、含氮化合物、ATP、CTP。

3. 脂肪肝（TG＞2.5%且脂类＞10%）形成的原因：来源过多、肝功能障碍、合成原料不足。

4. 甘油磷脂的分解：磷脂酶 $A_1$（$B_2$）或 $A_2$（$B_1$）水解甘油 1、2 位碳原子上的酯键；C、D 分别水解磷酸前后的酯键。

### 四、胆固醇代谢

1. 胆固醇的合成部位：内质网和胞液；原料：乙酰 CoA、NADPH 和 ATP；关键酶：HMG-CoA 还原酶。

2. 胆固醇的转化：胆汁酸（肝）、类固醇激素（内分泌腺）、维生素 $D_3$（皮肤）。

### 五、血浆脂蛋白代谢

1. 血浆脂蛋白的分类：电泳法（CM、$\beta$-LP、pre$\beta$-LP、$\alpha$-LP）和超速离心法（CM、VLDL、LDL、HDL）。

2. 血浆脂蛋白组成的特点：CM（TG 含量最多）、LDL（TC 含量最多）、HDL（蛋白质含量最多）。

3. 生理功能：CM 转运外源性 TG；VLDL 转运内源性 TG；LDL 转运 CH 到肝外组织；HDL 逆转运肝外 CH 回肝。

4. 载脂蛋白 apoAⅠ激活卵磷脂胆固醇脂酰转移酶（LCAT），载脂蛋白 apoCⅡ激活脂蛋白脂肪酶（LPL）。

### 》》》配套习题

#### 一、名词解释

1. 必需脂肪酸

2. 脂肪动员

3. 酮体

## 二、选择题

1. 组成血脂的脂类主要包括　　　　　　　　　　　　　　　　　（　　）
   A. 甘油三酯、磷脂、游离脂肪酸和胆固醇
   B. 甘油三酯、磷脂、游离脂肪酸和胆固醇酯
   C. 甘油三酯、胆固醇、游离脂肪酸和胆固醇酯
   C. 甘油三酯、磷脂、游离脂肪酸、胆固醇及胆固醇酯
   E. 磷脂、胆固醇、游离脂肪酸和胆固醇酯

2. 血浆脂蛋白包括　　　　　　　　　　　　　　　　　　　　　（　　）
   A. CM、HDL、FFA-清蛋白复合物和 VLDL
   B. CM、HDL、FFA-清蛋白复合物和 LDL
   C. CM、HDL、VLDL、LDL
   D. HDL、VLDL、LDL 和 FFA-清蛋白复合物
   E. CM、VLDL、LDL 和 FFA-清蛋白复合物

3. VLDL 的主要作用是　　　　　　　　　　　　　　　　　　　（　　）
   A. 转运外源性甘油三酯　　　　　B. 转运内源性甘油三酯
   C. 转运胆固醇由肝内至肝外组织　D. 转运胆固醇由肝外至肝内
   E. 转运游离脂肪酸至肝

4. LDL 的主要作用是　　　　　　　　　　　　　　　　　　　（　　）
   A. 转运外源性甘油三酯　　　　　B. 转运内源性甘油三酯
   C. 转运胆固醇由肝内至肝外组织　D. 转运胆固醇由肝外至肝内
   E. 转运游离脂肪酸至肝

5. LDL 的生成部位主要是　　　　　　　　　　　　　　　　　（　　）
   A. 肝　　　　　　　　　　　　　B. 肠黏膜
   C. 血浆　　　　　　　　　　　　D. 红细胞
   E. 脂肪组织

6. 抑制脂解的激素是　　　　　　　　　　　　　　　　　　　（　　）
   A. 肾上腺素　　　　　　　　　　B. 去甲肾上腺素
   C. 胰岛素　　　　　　　　　　　D. 胰高血糖素
   E. 促肾上腺皮质激素

7. 与脂肪动员有关的酶是　　　　　　　　　　　　　　　　　（　　）
   A. 脂蛋白脂肪酶　　　　　　　　B. 卵磷脂胆固醇酯酰转移酶

C. 脂肪组织脂肪酶          D. 肝脂肪酶
E. 胰脂肪酶

8. 正常情况下机体合成脂肪的原料主要来自                （    ）
   A. 脂肪酸              B. 酮体
   C. 类脂                D. 葡萄糖
   E. 生糖氨基酸

9. 下列有关脂肪酸氧化的叙述,错误的是                 （    ）
   A. 需要活化
   B. 活化过程在线粒体中进行
   C. $\beta$-氧化酶系存在线粒体内
   D. 肉碱可作为活化脂肪酸的载体
   E. 每次 $\beta$-氧化产生 1 分子乙酰 CoA

10. 脂肪酸 $\beta$-氧化的四步反应为                    （    ）
    A. 脱氢、加水、再脱氢、硫解
    B. 缩合、脱氢、加水、再脱氢
    C. 缩合、还原、脱水、再还原
    D. 脱氢、脱水、再脱氢、缩合
    E. 还原、脱水、再还原、硫解

11. 酮体包括                                        （    ）
    A 乙酰乙酸、$\beta$-羟丁酸和丙酮酸
    B. 乙酰乙酸、$\beta$-羟丁酸和丙酮
    C. 乙酰乙酸、$\beta$-羟丁酸和乙酰 CoA
    D. 草酰乙酸、$\beta$-羟丁酸和丙酮
    E. 草酰乙酸、$\beta$-羟丁酸和丙酮酸

12. 脂肪酸合成的原料是                              （    ）
    A. 乙酰 CoA 和 $CO_2$
    B. 乙酰 CoA 和 $NADH+H^+$
    C. 乙酰 CoA 和 $NADPH+H^+$
    D. 丙二酰 CoA 和 $NADPH+H^+$
    E. 丙二酰 CoA 和 $CO_2$

13. 脂肪酸合成的关键酶是                            （    ）
    A. 脂肪酸合成酶系         B. 乙酰 CoA 羧化酶
    C. 柠檬酸合成酶           D. 柠檬酸裂解酶
    E. $\beta$-酮脂酰 CoA 合成酶

14. 胆固醇合成的原料是 ( )
    A. 乙酰 CoA 和 $CO_2$  B. 乙酰 CoA 和 $NADPH+H^+$
    C. $NADPH+H^+$ 和 $CO_2$  D. 乙酰 CoA 和 $NADH+H^+$
    E. $NADH+H^+$ 和 $CO_2$

15. 胆固醇合成的关键酶是 ( )
    A. HMG-CoA 合酶  B. HMG-CoA 还原酶
    C. HMG-CoA 裂解酶  D. 乙酰 CoA 羧化酶
    E. 脂酰硫解酶

16. HDL 的功能是 ( )
    A. 从肝内运输胆固醇到外周组织
    B. 从肝内运输磷脂到外周组织
    C. 从肝内运输甘油三酯到外周组织
    D. 从肝内运输 FFA 到外周组织
    E. 从外周组织运输胆固醇到肝脏

17. 酮体和胆固醇生物合成过程中共有的酶是 ( )
    A. 乙酰 CoA 羧化酶  B. $\beta$-羟丁酸脱氢酶
    C. HMG-CoA 合酶  D. HMG-CoA 还原酶
    E. HMG-CoA 裂解酶

18. 胞浆中由乙酰 CoA 合成 1 分子软脂肪酸需要的 $NADPH+H^+$ 分子数是
    ( )
    A. 7  B. 8
    C. 14  D. 16
    E. 18

19. 乙酰 CoA 不能合成的物质是 ( )
    A. 酮体  B. 脂肪酸
    C. 乙酰胆碱  D. 胆固醇
    E. 葡萄糖

20. 乙酰 CoA 不能参与的代谢过程途径是 ( )
    A. 糖异生作用  B. 进入三羧酸循环
    C. 合成甘油三酯的脂肪酸部分  D. 合成胆固醇
    E. 生成酮体

21. 脂肪动员的限速酶是 ( )
    A. 甘油一酯脂肪酶  B. 甘油二酯脂肪酶
    C. 甘油三酯脂肪酶  D. LPL

E. 胰脂酶

22. 脂肪酸在血中的主要运输形式是　　　　　　　　　　　　（　）
    A. 脂肪酸-清蛋白　　　　　　B. 脂肪酸-apoB
    C. 脂肪酸-apoD　　　　　　　D. 脂肪酸-apoC
    E. 脂肪酸-HDL

23. 血浆中含胆固醇最多的脂蛋白是　　　　　　　　　　　　（　）
    A. CM　　　　　　　　　　　B. LDL
    C. HDL　　　　　　　　　　 D. VLDL
    E. IDL

24. 1 mol 硬脂酸彻底氧化净生成的 ATP 是　　　　　　　　（　）
    A. 148 mol　　　　　　　　　B. 130 mol
    C. 120 mol　　　　　　　　　D. 131 mol
    E. 136 mol

25. 不是脂肪酸 β-氧化产物的是　　　　　　　　　　　　　（　）
    A. 乙酰 CoA　　　　　　　　B. NADH＋H$^+$
    C. FADH$_2$　　　　　　　　D. 脂酰 CoA
    E. 以上均不是

26. 下列磷脂中含有胆碱的是　　　　　　　　　　　　　　（　）
    A. 卵磷脂　　　　　　　　　B. 脑苷脂
    C. 心磷脂　　　　　　　　　D. 磷脂酸
    E. 脑磷脂

27. 血脂不包括　　　　　　　　　　　　　　　　　　　　（　）
    A. 甘油三酯　　　　　　　　B. 磷脂
    C. 胆固醇及其酯　　　　　　D. 游离脂肪酸
    E. 胆汁酸

28. 每克下列物质在体内彻底氧化后,释放能量最多的是　　（　）
    A. 葡萄糖　　　　　　　　　B. 糖原
    C. 脂肪　　　　　　　　　　D. 胆固醇
    E. 蛋白质

29. 脂酰 CoA 通过线粒体内膜,借助的物质是　　　　　　　（　）
    A. 草酰乙酸　　　　　　　　B. 苹果酸
    C. α-磷酸甘油　　　　　　　D. 肉碱
    E. 胆碱

30. 脂肪酸 β-氧化与酮体利用过程中的共同中间产物是　　（　）

A. 乙酰乙酰 CoA　　　　　　B. 甲羟戊酸

　　C. HMG—CoA　　　　　　　D. 丙二酰 CoA

　　E. 以上均不是

31. 人体内可合成的脂肪酸是　　　　　　　　　　　　　　　（　　）

　　A. 软脂酸　　　　　　　　　B. 亚油酸

　　C. 亚麻酸　　　　　　　　　D. 花生四烯酸

　　E. 以上都不是

32. 乙酰 CoA 由线粒体转运至胞浆的途径是　　　　　　　　（　　）

　　A. 三羧酸循环　　　　　　　B. 葡萄糖-丙氨酸循环

　　C. 柠檬酸-丙酮酸循环　　　　D. 鸟氨酸循环

　　E. γ-谷氨酸循环

33. 以 FAD 为辅助因子的脱氢酶是　　　　　　　　　　　　（　　）

　　A. 乳酸脱氢酶　　　　　　　B. 苹果酸脱氢酶

　　C. 脂酰 CoA 脱氢酶　　　　　D. β-羟脂酰 CoA 脱氢酶

　　E. 异柠檬酸脱氢酶

34. 胆固醇生物合成的亚细胞定位是　　　　　　　　　　　（　　）

　　A. 线粒体与胞浆　　　　　　B. 线粒体与内质网

　　C. 胞液与内质网　　　　　　D. 胞浆与溶酶体

　　E. 胞浆与高尔基体

35. 下列有关酮体的叙述，错误的是　　　　　　　　　　　（　　）

　　A. 糖尿病时可引起酮症酸中毒

　　B. 酮体是糖代谢障碍时才能生成的产物

　　C. 酮体是肝输出脂类能源的一种形式

　　D. 酮体可通过血脑屏障进入脑组织

　　E. 酮体包括 β-羟丁酸、乙酰乙酸和丙酮

36. 长期饥饿时脑组织的能量主要来自　　　　　　　　　　（　　）

　　A. 脂肪酸的氧化　　　　　　B. 氨基酸的氧化

　　C. 葡萄糖的氧化　　　　　　D. 酮体的氧化

　　E. 甘油的氧化

37. 下列化合物中以胆固醇为母体的是　　　　　　　　　　（　　）

　　A. 乙酰 CoA　　　　　　　　B. 胆红素

　　C. 维生素 $D_3$　　　　　　　D. 维生素 A

　　E. 维生素 E

38. 在体内可转变为 PG、TX 和 LT 的物质是　　　　　　　（　　）

A. 亚油酸      B. 亚麻酸

C. 油酸      D. 花生四烯酸

E. 软脂酸

39. 酮体生成的关键酶是 （ ）

A. 硫解酶      B. HMG-CoA 合酶

C. HMG-CoA 裂解酶      D. $\beta$-羟丁酸脱氢酶

E. 乙酰乙酰硫激酶

40. 相应于 $\alpha$-脂蛋白的是 （ ）

A. CM      B. VLDL

C. IDL      D. LDL

E. HDL

41. 类脂的主要功用是 （ ）

A. 氧化供能      B. 防止体温散失

C. 保护体内各种脏器      D. 储存能量

E. 维持正常生物膜的结构和功能

42. 乙酰 CoA 不能转变的物质是 （ ）

A. 脂肪酸      B. 胆固醇

C. 乙酰乙酸      D. 丙酮酸

E. $CO_2 + H_2O + ATP$

43. 下列反应中不正确的是 （ ）

A. 葡萄糖→乙酰 CoA→脂肪酸

B. 葡萄糖→乙酰 CoA→胆固醇

C. 葡萄糖→乙酰 CoA→$CO_2 + H_2O$

D. 葡萄糖→糖原

E. 以上均不是

44. 脂肪酸氧化分解的限速酶是 （ ）

A. 脂酰 CoA 合成酶      B. 肉碱脂酰转移酶 Ⅰ

C. 肉碱脂酰转移酶 Ⅱ      D. 脂酰 CoA 脱氢酶

E. $\beta$-羟脂酰 CoA 脱氢酶

45. 1 分子甘油彻底氧化可生成的 ATP 数是 （ ）

A. 16.5～18.5      B. 20.5～22.5

C. 24.5～26.5      D. 28.5～30.5

E. 32.5～34.5

46. 组成卵磷脂的成分是 （ ）

A. 胆碱 B. 乙醇胺
C. 丝氨酸 D. 肌醇
E. 鞘氨醇

47. 酮体不能在肝中利用是因为缺乏 （  ）
   A. 琥珀酰 CoA 转硫酶 B. 硫解酶
   C. HMG-CoA 还原酶 D. HMG-CoA 合酶
   E. HMG-CoA 裂解酶

48. 酮体生成的亚细胞定位为 （  ）
   A. 微粒体 B. 内质网
   C. 溶酶体 D. 高尔基复合体
   E. 线粒体

49. 下列物质经转变不能生成乙酰 CoA 的是 （  ）
   A. 脂酰 CoA B. 乙酰乙酰 CoA
   C. 柠檬酸 D. 甲羟戊二酰 CoA
   E. 以上均不是

50. 体内胆固醇合成能力最强的组织是 （  ）
   A. 肝 B. 肾
   C. 脑 D. 肺
   E. 肌肉

51. 磷脂酶 $A_2$ 水解甘油磷脂的产物有 （  ）
   A. 甘油 B. 磷酸
   C. 胆碱 D. 溶血磷脂
   E. 乙醇胺

52. 不能够利用酮体的组织是 （  ）
   A. 心肌 B. 骨骼肌
   C. 肾 D. 脑
   E. 肝

53. 下列化合物不参与脂肪酸氧化过程的是 （  ）
   A. 肉碱 B. $NAD^+$
   C. FAD D. $NADP^+$
   E. HS-CoA

54. 下列有关酮体的叙述，错误的是 （  ）
   A. 酮体是脂肪酸在肝中氧化的中间产物
   B. 糖尿病时可引起血酮体升高

C. 饥饿时酮体生成减少

D. 酮体可从尿中排出

E. 酮体包括丙酮、乙酰乙酸和 $\beta$-羟丁酸

55. 下列各种脂蛋白中,密度最高的是 （ ）

    A. CM          B. VLDL

    C. IDL          D. LDL

    E. HDL

56. 卵磷脂合成时产生的活化中间产物是 （ ）

    A. ADP-胆碱          B. GDP-胆碱

    C. CDP-胆碱          D. UDP-胆碱

    E. TDP-胆碱

57. 形成脂肪肝的常见原因不包括 （ ）

    A. 肝细胞内甘油三酯来源过多          B. 胆碱供给不足

    C. VLDL 生成障碍          D. 肝功能障碍

    E. 以上都不是

58. 具有抗动脉粥样硬化作用的脂蛋白是 （ ）

    A. CM          B. VLDL

    C. LDL          D. HDL

    E. IDL

59. 参与胆固醇逆向转运的脂蛋白是 （ ）

    A. CM          B. VLDL

    C. LDL          D. HDL

    E. IDL

60. 对脂肪的主要功能叙述错误的是 （ ）

    A. 氧化供能          B. 防止体温散失

    C. 保护内脏          D. 储存能量

    E. 以上都不是

61. 乙酰 CoA 羧化酶的辅基是 （ ）

    A. 叶酸          B. 硫胺素

    C. 泛酸          D. 生物素

    E. 油酸

62. 下列关于血脂的叙述,正确的是 （ ）

    A. 都来自肝细胞          B. 都能够与清蛋白结合

    C. 均不溶于水          D. 主要以脂蛋白形式存在

E. 都能够与脂蛋白结合

### 三、填空题

1. LDL 是由_____在血中直接转变而成的。
2. 脂肪酸合成的限速酶是_____,其辅助因子是_____。
3. 乙酰 CoA 的去路主要有_____、_____、_____、_____。
4. 合成脂肪酸的原料是_____,供氢体是_____,它们主要来源于_____。
5. 体内的甘油磷脂主要有_____和_____。
6. 脂肪酸 β-氧化包括_____、_____、_____、_____四步连续反应。
7. 用超速离心法可将血浆蛋白分为_____、_____、_____、_____;分别相当于电泳法分类的_____、_____、_____、_____。
8. 酮体是_____、_____和_____三者的总称,酮体合成的限速酶是_____。
9. 体内合成胆固醇的原料是_____,供氢体是_____,限速酶是_____。
10. 胆固醇在体内可转化为_____、_____、_____等。
11. 肝不能利用酮体,是因为缺乏两种酶,即_____、_____。
12. CM、VLDL、LDL、HDL 的主要功能分别是_____、_____、_____、_____。

### 四、简答题

简述硬脂酸的氧化过程及其彻底氧化净生成的能量。

# 第八章　蛋白质分解代谢

> 知识要点

## 一、蛋白质的营养作用

1. 蛋白质的生理功能：维持组织细胞的生长、更新和修补；参与体内多种重要的生理活动；氧化供能。
2. 氮平衡：摄入氮与排出氮之间的相互关系（总氮、正氮、负氮平衡）。
3. 营养必需氨基酸：人体需要而又不能自身合成，必须从食物中摄取的氨基酸（Met、Val、Lys、Phe、Leu、Trp、Thr）。
4. 蛋白质的营养价值由必需氨基酸的种类、数量和比例决定。
5. 蛋白质的互补作用：将不同来源的蛋白质混合食用，以增加营养必需氨基酸的种类和比例，提高蛋白质营养价值的作用。
6. 蛋白质的腐败作用：肠道细菌对未被消化和吸收的蛋白质及其消化产物所起的作用。

## 二、氨基酸的一般代谢

1. 氨基酸代谢库：外源性氨基酸和内源性氨基酸混合一起，分布于全身各处参与代谢，称为氨基酸代谢库（肌肉组织中的游离氨基酸最多）。
2. 氨基酸脱氨基作用：氧化脱氨基（Glu）、转氨基作用（无游离氨生成）、联合脱氨基（最主要的脱氨方式）、嘌呤核苷酸循环（肌肉）。
3. 转氨酶的辅酶：磷酸吡哆醛。肝胆疾病血清中丙氨酸氨基转移酶 ALT（GPT）增加；急性心肌梗死血清中天冬氨酸氨基转移酶 AST（GOT）增加。
4. α-酮酸的代谢：生成非必需氨基酸、转变成糖或脂肪（生糖、生酮、生糖兼生酮氨基酸）、氧化供能。

## 三、氨的代谢

1. 体内氨的来源：氨基酸脱氨（最主要的来源）、肠道吸收氨、肾脏产氨。

2.氨的转运:丙氨酸-葡萄糖循环(肝)、谷氨酰胺(最主要的转运形式)。

3.体内氨的去路:肝中合成尿素(最主要的去路)、肾中以铵盐形式随尿排除、合成 Gln 和非必需氨基酸。

4.鸟氨酸循环的细胞定位:线粒体和胞液;关键酶:精氨酸代琥珀酸合成酶。

5.合成过程:鸟氨酸、瓜氨酸和精氨酸的循环,氨由游离氨和 Asp 提供,以尿素的形式释放,消耗 4 分子高能磷酸键。

6.肝性脑病(肝昏迷)的氨中毒学说:大脑以 α-酮戊二酸解氨毒,脑细胞中的 α-酮戊二酸减少,抑制 TAC 和氧化磷酸化导致供能不足,严重时可产生昏迷。另外,假神经递质的产生也会影响大脑的功能。

## 四、氨基酸的特殊代谢

1.氨基酸脱羧基作用(磷酸吡哆醛为辅酶):

组胺:血管舒张剂,刺激胃液分泌。

5-HT:抑制性神经递质,与睡眠、疼痛和体温调节有关。

GABA:抑制性神经递质,对中枢神经有抑制作用。(Glu 脱羧产生)

牛磺酸:形成结合胆汁酸,促进脂类消化吸收。(Cys 转变而来)

多胺:精胺和精脒在生长旺盛的组织含量多,肿瘤辅助诊断指标。

2.一碳单位的概念:某些氨基酸分解代谢过程中产生的只含有一个碳原子的有机基团。

3.一碳单位的种类:甲基、亚甲基、次甲基、甲酰基、亚胺甲基;载体:$FH_4$;来源:甘氨酸、组氨酸、色氨酸、丝氨酸。

4.含硫氨基酸代谢:体内甲基的直接供体是 SAM;硫酸基团的直接供体是 PAPS。

5.苯丙氨酸代谢:转变成酪氨酸,缺乏苯丙氨酸羟化酶——PKU;酪氨酸代谢:转变为儿茶酚胺(多巴胺、去甲肾上腺素、肾上腺素)、黑色素(缺乏酪氨酸酶——白化病)、分解代谢。

6.支链氨基酸(Val、Leu、Ile)主要在骨骼肌代谢。

### 配套习题

**一、名词解释**

1.氮平衡

2. 必需氨基酸

3. 蛋白质的互补作用

4. 一碳单位

二、选择题

1. 生物体内氨基酸脱氨基的主要方式为　　　　　　　　　　　　　　　（　　）
   A. 氧化脱氨基　　　　　　B. 还原脱氨基
   C. 直接脱氨基　　　　　　D. 转氨基
   E. 联合脱氨基

2. 人体内的氨最主要的代谢去路为　　　　　　　　　　　　　　　　　（　　）
   A. 合成非必需氨基酸　　　B. 合成必需氨基酸
   C. 合成 $NH_4^+$，随尿排出　　D. 合成尿素，随尿排出
   E. 合成嘌呤、嘧啶、核苷酸等

3. 可经脱氨基作用直接生成 α-酮戊二酸的氨基酸是　　　　　　　　　　（　　）
   A. 谷氨酸　　　　　　　　B. 甘氨酸
   C. 丝氨酸　　　　　　　　D. 苏氨酸
   E. 天冬氨酸

4. 经转氨基作用可生成草酰乙酸的氨基酸是　　　　　　　　　　　　　（　　）
   A. 甘氨酸　　　　　　　　B. 天冬氨酸
   C. 蛋氨酸　　　　　　　　D. 苏氨酸
   E. 丝氨酸

5. ALT(GPT)活性最高的组织是　　　　　　　　　　　　　　　　　　　（　　）
   A. 心肌　　　　　　　　　B. 脑
   C. 骨骼肌　　　　　　　　D. 肝
   E. 肾

6. AST(GOT)活性最高的组织是　　　　　　　　　　　　　　　　　　　（　　）
   A. 心肌　　　　　　　　　B. 脑
   C. 骨骼肌　　　　　　　　D. 肝
   E. 肾

7. 能直接进行氧化脱氨基作用的氨基酸是 （　　）
   A. 天冬氨酸　　　　　　　B. 缬氨酸
   C. 谷氨酸　　　　　　　　D. 丝氨酸
   E. 丙氨酸

8. 进行嘌呤核苷酸循环脱氨基作用的主要组织是 （　　）
   A. 肝　　　　　　　　　　B. 肾
   C. 脑　　　　　　　　　　D. 肌肉
   E. 肺

9. 在尿素合成过程中需要 ATP 的反应是 （　　）
   A. 鸟氨酸＋氨基甲酰磷酸→瓜氨酸＋磷酸
   B. 瓜氨酸＋天冬氨酸→精氨酸代琥珀酸
   C. 精氨酸代琥珀酸→精氨酸＋延胡索酸
   D. 精氨酸→鸟氨酸＋尿素
   E. 草酰乙酸＋谷氨酸→天冬氨酸＋α-酮戊二酸

10. 下列是在线粒体中进行反应的是 （　　）
    A. 鸟氨酸与氨基甲酰磷酸反应　B. 瓜氨酸与天冬氨酸反应
    C. 精氨酸生成反应　　　　　　D. 延胡索酸生成反应
    E. 精氨酸分解成尿素反应

11. 鸟氨酸循环的限速酶是 （　　）
    A. 氨基甲酰磷酸合成酶　　　　B. 鸟氨酸氨基甲酰转移酶
    C. 精氨酸代琥珀酸合成酶　　　D. 精氨酸代琥珀酸裂解酶
    E. 精氨酸酶

12. 氨中毒的根本原因是 （　　）
    A. 肠道吸收氨过量
    B. 氨基酸在体内分解代谢增强
    C. 肾衰竭排出障碍
    D. 肝功能损伤不能合成尿素
    E. 合成谷氨酰胺减少

13. 体内转运一碳单位的载体是 （　　）
    A. 叶酸　　　　　　　　　　B. 维生素 $B_{12}$
    C. 硫胺素　　　　　　　　　D. 生物素
    E. 四氢叶酸

14. 下列物质不是一碳单位的是 （　　）
    A. —$CH_3$　　　　　　　　　B. $CO_2$

C. —CH₂—  D. —CH=NH—

E. —CH=

15. 不能由酪氨酶生成的物质是 ( )

    A. 尿黑酸          B. 肾上腺素

    C. 多巴胺          D. 苯丙氨酸

    E. 黑色素

16. 下列属于生酮兼生糖氨基酸的是 ( )

    A. 丙氨酸          B. 苯丙氨酸

    C. 赖氨酸          D. 羟脯氨酸

    E. 亮氨酸

17. 鸟氨酸循环中，合成尿素的第二分子氨来源于 ( )

    A. 游离氨          B. 谷氨酰胺

    C. 天冬酰胺        D. 天冬氨酸

    E. 氨基甲酰磷酸

18. 转氨酶的辅酶中含有的维生素是 ( )

    A. 维生素 $B_1$    B. 维生素 $B_{12}$

    C. 维生素 C        D. 维生素 $B_6$

    E. 维生素 $B_2$

19. 体内氨的储存及运输形式是 ( )

    A. 谷氨酸          B. 酪氨酸

    C. 谷氨酰胺        D. 谷胱甘肽

    E. 天冬酰胺

20. 甲基的直接供体是 ( )

    A. $N^{10}$-甲基四氢叶酸    B. S-腺苷蛋氨酸

    C. 蛋氨酸          D. 胆碱

    E. 肾上腺素

21. 血氨的最主要来源是 ( )

    A. 氨基酸脱氨基作用生成的氨

    B. 蛋白质腐败产生的氨

    C. 尿素在肠道细菌脲酶作用下产生的氨

    D. 体内胺类物质分解释放出的氨

    E. 肾小管远端谷氨酰胺水解产生的氨

22. 下列关于 γ-氨基丁酸的描述，正确的是 ( )

    A. 它是胆碱酯酶的抑制剂    B. 它由谷氨酸脱羧生成

C. 它是嘧啶的分解代谢产物　　D. 谷氨酸脱氢酶参与其合成

E. 它可作为蛋白质肽链的组分

23. 白化症的根本原因之一是先天性缺乏　　　　　　　　　　(　　)

A. 酪氨酸转氨酶　　　　　　B. 苯丙氨酸羟化酶

C. 酪氨酸酶　　　　　　　　D. 尿黑酸氧化酶

E. 对羟丙氨酸氧化酶

24. 氨基酸脱羧酶的辅酶是　　　　　　　　　　　　　　　　(　　)

A. 磷酸吡哆醛　　　　　　　B. 维生素 PP

C. 维生素 $B_2$　　　　　　　D. 维生素 $B_{12}$

E. 维生素 $B_1$

25. 谷氨酸在蛋白质分解代谢中的作用,不包括　　　　　　　(　　)

A. 参与转氨基作用　　　　　B. 参与氨的储存和利用

C. 参与鸟氨酸循环 NOS 支路　D. 可进行氧化脱氨基反应

E. 参与氨的转运

26. 可提供一碳单位的氨基酸是　　　　　　　　　　　　　　(　　)

A. 组氨酸　　　　　　　　　B. 亮氨酸

C. 谷氨酸　　　　　　　　　D. 丙氨酸

E. 赖氨酸

27. 生酮氨基酸包括　　　　　　　　　　　　　　　　　　　(　　)

A. 丙氨酸、色氨酸　　　　　B. 苯丙氨酸、蛋氨酸

C. 鸟氨酸、精氨酸　　　　　D. 亮氨酸、赖氨酸

E. 组氨酸、赖氨酸

28. 体内含硫氨基酸有　　　　　　　　　　　　　　　　　　(　　)

A. 精氨酸、赖氨酸　　　　　B. 鸟氨酸、瓜氨酸

C. 蛋氨酸、半胱氨酸　　　　D. 丝氨酸、苏氨酸

E. 酪氨酸、色氨酸

29. 直接参与鸟氨酸循环的氨基酸不包括　　　　　　　　　　(　　)

A. 鸟氨酸　　　　　　　　　B. 天冬氨酸

C. 瓜氨酸　　　　　　　　　D. 精氨酸

E. 色氨酸

30. 参与转氨基作用生成天冬氨酸的 α-酮酸是　　　　　　　(　　)

A. α-酮戊二酸　　　　　　　B. 丙酮酸

C. 草酰乙酸　　　　　　　　D. 苯丙酮酸

E. 对羟苯丙酮酸

31. 与黑色素合成有关的氨基酸是 （　　）
    A. 酪氨酸　　　　　　　　　B. 丙氨酸
    C. 组氨酸　　　　　　　　　D. 蛋氨酸
    E. 苏氨酸

32. 血氨（$NH_3$）的来源途径不包括 （　　）
    A. 氨基酸脱氨　　　　　　　B. 肠道细菌代谢产生的氨
    C. 肠腔尿素分解产生的氨　　D. 转氨基作用生成的氨
    E. 肾小管细胞内谷氨酰胺分解

33. 血氨的代谢去路不包括 （　　）
    A. 合成氨基酸　　　　　　　B. 合成尿素
    C. 合成谷氨酰胺　　　　　　D. 合成含氮化合物
    E. 合成肌酸

34. 以磷酸吡哆醛（维生素 $B_6$）为辅酶的酶是 （　　）
    A. 谷氨酸脱氢酶　　　　　　B. 丙酮酸羧化酶
    C. 谷草转氨酶　　　　　　　D. 乙酰 CoA 羧化酶
    E. 苹果酸脱氢酶

35. 能促进鸟氨酸循环的氨基酸有 （　　）
    A. 丙氨酸　　　　　　　　　B. 甘氨酸
    C. 精氨酸　　　　　　　　　D. 谷氨酸
    E. 天冬酰胺

36. 氨基酸经脱氨基作用产生的 $\alpha$-酮酸的去路不包括 （　　）
    A. 氧化供能　　　　　　　　B. 转变为脂肪
    C. 转变为糖　　　　　　　　D. 合成必需氨基酸
    E. 合成非必需氨基酸

37. 由 S-腺苷蛋氨酸提供的活性甲基实际上来源于 （　　）
    A. $N^3$-甲基四氢叶酸　　　　B. $N^5, N^{10}$-亚甲基四氢叶酸
    C. $N^5, N^{10}$-次甲基四氢叶酸　D. $N^5$-亚氨甲基四氢叶酸
    E. $N^{10}$-甲酰四氢叶酸

38. 谷氨酰胺的作用不包括 （　　）
    A. 作为氨的转运形式　　　　B. 作为氨的储存形式
    C. 合成嘧啶　　　　　　　　D. 合成 5-羟色胺
    E. 合成嘌呤

39. 合成 1 分子尿素消耗 （　　）
    A. 2 个高能磷酸键的能量　　B. 3 个高能磷酸键的能量

C. 4个高能磷酸键的能量　　　D. 5个高能磷酸键的能量

E. 6个高能磷酸键的能量

40. 经脱羧生成有扩张血管作用的胺类化合物的氨基酸是　　　　（　　）

   A. 丙氨酸　　　　　　　　B. 谷氨酸

   C. 组氨酸　　　　　　　　D. 亮氨酸

   E. 丝氨酸

41. 氨基酸分解代谢的终产物最主要是　　　　　　　　　　　　（　　）

   A. 尿素　　　　　　　　　B. 尿酸

   C. 肌酸　　　　　　　　　D. 胆碱

   E. $NH_3$

42. 合成活性硫酸根（PAPS）需要　　　　　　　　　　　　　　（　　）

   A. 酪氨酸　　　　　　　　B. 半胱氨酸

   C. 蛋氨酸　　　　　　　　D. 苯丙氨酸

   E. 谷氨酸

43. 苯丙氨酸和酪氨酸代谢缺陷时可能导致　　　　　　　　　　（　　）

   A. 苯丙酮酸尿症、蚕豆黄　　B. 白化病、苯丙酮酸尿症

   C. 尿黑酸症、蚕豆黄　　　　D. 镰刀形红细胞性贫血、白化病

   E. 白化病、蚕豆黄

44. 当体内 $FH_4$ 缺乏时，合成受阻的物质是　　　　　　　　　（　　）

   A. 脂肪酸　　　　　　　　B. 糖原

   C. 嘌呤核苷酸　　　　　　D. 胆固醇合成

   E. 氨基酸合成

45. 5-羟色胺的作用不包括　　　　　　　　　　　　　　　　　（　　）

   A. 是神经递质　　　　　　B. 与体温调节有关

   C. 有收缩血管的作用　　　D. 与睡眠、疼痛等有关

   E. 以上都不是

46. 组胺的作用是　　　　　　　　　　　　　　　　　　　　　（　　）

   A. 使血压上升、胃液分泌增加、血管扩张

   B. 使血压下降、胃液分泌增加、血管扩张

   C. 使血压下降、胃液分泌减少、血管扩张

   D. 使血压下降、胃液分泌增加、血管收缩

   E. 使血压上升、胃液分泌增加、血管收缩

47. L-谷氨酸脱氢酶活性低的组织是　　　　　　　　　　　　　（　　）

   A. 脑　　　　　　　　　　B. 肝

C. 骨骼肌 D. 肾

E. 肺

48. 急性肝炎时，血清中活性升高的酶是 （　　）

    A. $LDH_1$、ALT(GPT)　　　　B. $LDH_5$、ALT(GPT)

    C. $LDH_1$、AST(GOT)　　　　D. $LDH_5$、AST(GOT)

    E. CK

49. 心肌梗死时，血清中活性升高的酶是 （　　）

    A. $LDH_1$、ALT(GPT)　　　　B. $LDH_5$、ALT(GPT)

    C. $LDH_1$、AST(GOT)　　　　D. $LDH_5$、AST(GOT)

    E. AST、ALT

50. 氧化脱氨基作用中最重要的酶是 （　　）

    A. L-谷氨酸脱氢酶　　　　B. D-谷氨酸脱氢酶

    C. L-氨基酸氧化酶　　　　D. 转氨酶

    E. D-氨基酸氧化酶

51. 心肌和骨骼肌中联合脱氨基作用难于进行的原因是 （　　）

    A. 缺少 ALT　　　　B. 缺少维生素 $B_6$

    C. L-谷氨酸脱氢酶活性低　　　　D. 缺少 AST

    E. 缺少其他转氨酶

52. 心肌和骨骼肌中最主要的脱氨基反应是 （　　）

    A. 转氨基作用　　　　B. 联合脱氨基作用

    C. 嘌呤核苷酸循环　　　　D. 氧化脱氨基作用

    E. 非氧化脱氨基作用

53. 反映肝疾患最常用的血清转氨酶指标是 （　　）

    A. 丙氨酸氨基转移酶　　　　B. 天冬氨酸氨基转移酶

    C. 鸟氨酸氨基转移酶　　　　D. 亮氨酸氨基转移酶

    E. 赖氨酸氨基转移酶

54. 血清 AST 活性升高最常见于 （　　）

    A. 肝炎　　　　B. 脑动脉栓塞

    C. 肾炎　　　　D. 急性心肌梗死

    E. 胰腺炎

55. 肝硬化伴上呼吸道出血患者血氨升高，主要与哪项血氨来源途径有关 （　　）

    A. 肠道蛋白质分解产氨增多　　　　B. 组织蛋白质分解产氨增多

    C. 肾产氨增多　　　　D. 肠道尿素产氨增多

    E. 肌肉产氨增多

56. 下列对于高血氨患者的叙述，错误的是　　　　　　　　　　（　）
    A. $NH_3$ 比 $NH_4^+$ 易于透过细胞膜而被吸收
    B. 碱性肠液有利于 $NH_4^+ \rightarrow NH_3$
    C. $NH_4^+$ 比 $NH_3$ 易于吸收
    D. 酸性肠液有利于 $NH_3 \rightarrow NH_4^+$
    E. 酸化肾小管腔有利于降血氨

57. 下列化合物中哪个不是鸟氨酸循环的成员　　　　　　　　（　）
    A. 鸟氨酸　　　　　　　B. α-酮戊二酸
    C. 瓜氨酸　　　　　　　D. 精氨酸代琥珀酸
    E. 精氨酸

58. 非必需氨基酸是　　　　　　　　　　　　　　　　　　　（　）
    A. 苯丙氨酸　　　　　　B. 赖氨酸
    C. 色氨酸　　　　　　　D. 蛋氨酸
    E. 谷氨酸

59. 蛋白质营养价值的高低取决于　　　　　　　　　　　　　（　）
    A. 氨基酸的种类　　　　B. 氨基酸的数量
    C. 必需氨基酸的种类　　D. 必需氨基酸的数量
    E. 必需氨基酸的种类、数量和比例

60. 负氮平衡见于　　　　　　　　　　　　　　　　　　　　（　）
    A. 营养充足的婴幼儿　　B. 营养充足的孕妇
    C. 晚期癌症患者　　　　D. 疾病恢复期
    E. 健康成年人

61. 不属于生糖兼生酮氨基酸的是　　　　　　　　　　　　　（　）
    A. 色氨酸　　　　　　　B. 酪氨酸
    C. 苯丙氨酸　　　　　　D. 异亮氨酸
    E. 谷氨酸

62. 脑组织处理氨的主要方式是　　　　　　　　　　　　　　（　）
    A. 排出游离 $NH_3$　　　B. 生成谷氨酰胺
    C. 合成尿素　　　　　　D. 生成铵盐
    E. 形成天冬氨酸

63. 孕妇体内氮平衡的状态是　　　　　　　　　　　　　　　（　）
    A. 摄入氮＝排出氮　　　B. 摄入氮＞排出氮
    C. 摄入氮＜排出氮　　　D. 摄入氮≤排出氮
    E. 以上都不是

64. 我国营养学会推荐的成人每天蛋白质的需要量为 （　　）
    A. 20 g	B. 80 g
    C. 30～50 g	D. 60～70 g
    E. 正常人处于氮平衡,无需补充

65. 属于必需氨基酸的是 （　　）
    A. Leu	B. Ser
    C. Pro	D. Glu
    E. Ala

66. 能不可逆生成酪氨酸的氨基酸是 （　　）
    A. Phe	B. Trp
    C. His	D. Lys
    E. Arg

67. 在氨基酸代谢库中,游离氨基酸总量最高的是 （　　）
    A. 肝	B. 肾
    C. 脑	D. 肌肉
    E. 血液

68. 支链氨基酸的分解主要发生在 （　　）
    A. 肝	B. 肾
    C. 骨骼肌	D. 心肌
    E. 脑

69. 体内合成非必需氨基酸的主要途径是 （　　）
    A. 转氨基	B. 联合脱氨基作用
    C. 非氧化脱氨	D. 嘌呤核苷酸循环
    E. 脱水脱氨

70. 体内重要的转氨酶均涉及 （　　）
    A. L-Asp 与草酰乙酸的互变	B. L-Ala 与丙酮酸的互变
    C. L-Glu 与 α-酮戊二酸的互变	D. L-Asp 与延胡索酸的互变
    E. 以上都不是

71. 属于生酮氨基酸的是 （　　）
    A. Ile	B. Phe
    C. Leu	D. Asp
    E. Met

72. 用亮氨酸喂养实验性糖尿病犬时,下列哪种物质从尿中排出增加 （　　）
    A. 葡萄糖	B. 酮体

C. 脂肪 D. 乳酸

E. 非必需氨基酸

73. 临床上对高血氨病人做结肠透析时常用 （ ）

　　A. 弱酸性透析液 B. 弱碱性透析液

　　C. 中性透析液 D. 强酸性透析液

　　E. 强碱性透析液

74. 静脉输入谷氨酸钠能治疗 （ ）

　　A. 白血病 B. 高血氨

　　C. 高血钾 D. 再生障碍性贫血

　　E. 放射病

75. 在氨解毒过程中起重要作用的除肝外,还有 （ ）

　　A. 脾 B. 肾

　　C. 肺 D. 心

　　E. 小肠黏膜细胞

76. 鸟氨酸循环的作用是 （ ）

　　A. 合成尿素 B. 合成非必需氨基酸

　　C. 合成 AMP D. 协助氨基酸的吸收

　　E. 脱去氨基

77. 切除犬的哪一种器官可使其血中的尿素水平显著升高 （ ）

　　A. 肝 B. 脾

　　C. 肾 D. 胃

　　E. 胰腺

78. 合成尿素的组织或器官是 （ ）

　　A. 肝 B. 肾

　　C. 胃 D. 脾

　　E. 肌肉

79. 在尿素循环中既是起点又是终点的物质是 （ ）

　　A. 鸟氨酸 B. 瓜氨酸

　　C. 氨甲酰磷酸 D. 精氨酸

　　E. 精氨酸代琥珀酸

80. 按照氨中毒学说,肝性脑病是由于 $NH_3$ 引起脑细胞 （ ）

　　A. 糖酵解减慢 B. 三羧酸循环减慢

　　C. 脂肪堆积 D. 尿素合成障碍

　　E. 磷酸戊糖旁路受阻

81. γ-氨基丁酸是下列哪种氨基酸脱羧的产物　　　　　　　　　（　）
    A. Glu　　　　　　　　　　B. Asp
    C. Gln　　　　　　　　　　D. Asn
    E. Ser

82. 尿素合成中能穿出线粒体进入胞质的是　　　　　　　　　　（　）
    A. Arg　　　　　　　　　　B. 瓜氨酸
    C. 鸟氨酸　　　　　　　　　D. 氨基甲酰磷酸
    E. Asp

83. 5-羟色胺是下列哪种氨基酸脱羧的产物　　　　　　　　　　（　）
    A. His　　　　　　　　　　B. Glu
    C. Trp　　　　　　　　　　D. Tyr
    E. Phe

84. 体内合成甲状腺素、儿茶酚胺类的基本原料是　　　　　　　（　）
    A. Tyr　　　　　　　　　　B. Trp
    C. Lys　　　　　　　　　　D. His
    E. Thr

85. 人体内必需的含硫氨基酸是　　　　　　　　　　　　　　　（　）
    A. Cys　　　　　　　　　　B. Val
    C. Met　　　　　　　　　　D. Leu
    E. 胱氨酸

86. SAM 被称为活性甲硫氨酸是因为它含有　　　　　　　　　　（　）
    A. 高能磷酸键　　　　　　　B. 高能硫酯键
    C. 活性—SH　　　　　　　　D. 活性甲基
    E. 活泼肽键

87. $N^5$-$CH_3$—$FH_4$ 中的—$CH_3$，只能用于合成　　　　　　　（　）
    A. Met　　　　　　　　　　B. $N^5$,$N^{10}$—$CH_3$—$FH_4$
    C. $N^5$,$N^{10}$=$CH_3$—$FH_4$　　D. 嘧啶碱基
    E. 嘌呤碱基

88. 蛋氨酸循环中需要　　　　　　　　　　　　　　　　　　　（　）
    A. 生物素　　　　　　　　　B. 维生素 $B_{12}$
    C. 维生素 $B_6$　　　　　　　D. 吡哆醛
    E. CoA

89. 体内的活性硫酸根为　　　　　　　　　　　　　　　　　　（　）
    A. $(Cys)_2$　　　　　　　　　B. SAM

C. Cys  D. PAPS

E. Met

90. 下列关于蛋白质的叙述,错误的是 （　　）

A. 可氧化供能

B. 可作为糖异生的原料

C. 蛋白质的来源可由糖和脂肪替代

D. 含氮量恒定

E. 蛋白质的基本单位是氨基酸

91. ALT 为体内广泛存在的转氨酶,它的产物不包括 （　　）

A. Ala  B. Asp

C. α-酮戊二酸  D. Glu

E. 丙酮酸

92. 下列关于腐败作用的叙述,错误的是 （　　）

A. 是指肠道细菌对蛋白质及其产物的代谢过程

B. 腐败能产生有毒物质

C. 形成假神经递质的前体

D. 腐败作用形成的产物不能被机体利用

E. 肝功能低下时,腐败产物易引起中毒

93. 在氨基酸转氨基过程中不会产生 （　　）

A. 氨基酸  B. α-酮酸

C. 磷酸吡哆胺  D. $NH_3$

E. 磷酸吡哆醛

94. 下列关于 L-谷氨酸脱氢酶的叙述,错误的是 （　　）

A. 辅酶是烟酰胺腺嘌呤二核苷酸

B. 催化可逆反应

C. 在骨骼肌中活性很高

D. 在心肌中活性很低

E. 以上都不是

95. 饥饿时不能用作糖异生原料的物质是 （　　）

A. 乳酸  B. 甘油

C. 丙酮酸  D. 亮氨酸

E. 苏氨酸

96. α-酮酸的代谢不能产生 （　　）

A. $CO_2$  B. ATP

C. $NH_3$  D. $H_2O$

E. 非必需氨基酸

97. 下列关于肾小管分泌 $NH_3$ 的叙述,错误的是  （   ）

A. $NH_3$ 可与 $H^+$ 结合成 $NH_4^+$  B. $NH_3$ 较 $NH_4^+$ 难被重吸收

C. 酸性尿有利于分泌 $NH_3$  D. 碱性尿妨碍分泌 $NH_3$

E. 碱性利尿药可能导致血氨升高

98. 用 $^{15}NH_4Cl$ 饲养动物猴,检测肝中不含 $^{15}N$ 的物质是  （   ）

A. 精氨酸  B. 尿素

C. 氨基甲酰磷酸  D. 瓜氨酸

E. 鸟氨酸

99. 不能转变成其他的一碳单位的是  （   ）

A. $N^5$-甲基四氢叶酸  B. $N^5,N^{10}$-甲烯四氢叶酸

C. $N^5,N^{10}$-甲炔四氢叶酸  D. $N^5$-亚氨甲基四氢叶酸

E. $N^{10}$-甲酰四氢叶酸

100. 苯丙酮酸尿症(PKU)缺乏的酶是  （   ）

A. 苯丙氨酸羟化酶  B. 酪氨酸转氨酶

C. 酪氨酸羟化酶  D. 苯丙氨酸转氨酶

E. 酪氨酸酶

### 三、填空题

1. 氨基酸脱氨基的主要方式有_____、_____、_____、_____等。

2. 谷丙转氨酶以_____、_____为辅酶,其中_____还是多种脱羧酶的辅酶。

3. 正常情况下,肝组织中活性最高的转氨酶是_____,心肌组织中活性最高的转氨酶是_____。

4. 体内氨的主要来源是_____、_____、_____;主要去路是_____、_____、_____。

5. 尿素合成的部位是_____,催化反应的关键酶是_____,鸟氨酸循环的亚细胞定位在_____、_____。

6. 一碳单位主要包括_____、_____、_____、_____、_____等。

7. 体内物质代谢的调节分为三级水平的代谢调节,即_____、_____、_____。

8. 摄入氮=排出氮称为_____,摄入氮>排出氮称为_____,摄入氮<排出氮称为_____。

**四、简答题**

试述肝性脑病的发病机制。

# 第九章 核苷酸代谢

## 知识要点

1. 嘌呤核苷酸从头合成的原料：R-5-P、Asp、Gly、一碳单位、$CO_2$、Gln。

2. 嘧啶核苷酸从头合成的原料：R-5-P、Asp、氨基甲酰磷酸（$CO_2$ 和 Gln）。

3. 嘌呤核苷酸的分解产物：尿酸（血中浓度超过 0.48 mmol/L 时，可导致痛风症）。

4. 嘧啶核苷酸的分解产物：$NH_3$ 和 $CO_2$ 是共同产物，U→β-丙氨酸，T→β-氨基异丁酸。

## 配套习题

### 一、选择题

1. 嘌呤核苷酸从头合成时首先生成的是 （    ）
   A. GMP             B. AMP
   C. IMP             D. ATP
   E. GTP

2. 不是嘌呤核苷酸从头合成的直接原料的是 （    ）
   A. 甘氨酸           B. 天冬氨酸
   C. 谷氨酸           D. 一碳单位
   E. $CO_2$

3. 脱氧核苷酸是下列哪种物质直接还原而成的 （    ）
   A. 核糖             B. 核糖核苷
   C. 核苷一磷酸       D. 核苷二磷酸
   E. 核苷三磷酸

4. 嘌呤核苷酸从头合成中，嘌呤碱 $C_6$ 来自 （    ）
   A. $CO_2$           B. 甘氨酸
   C. 谷氨酰胺         D. 一碳单位
   E. 氨基甲酰磷酸

5. 人体内嘌呤碱分解的终产物是　　　　　　　　　　　　　　（　）
   A. 尿素　　　　　　　　　B. 尿酸
   C. 肌酸　　　　　　　　　D. 丙氨酸
   E. 肌酸酐

6. 痛风症是由于体内下列哪种物质升高引起的　　　　　　　（　）
   A. 尿素　　　　　　　　　B. 甘油三酯
   C. 胆固醇　　　　　　　　D. 尿酸
   E. LDL

7. 别嘌呤醇治疗痛风的机制是能够抑制　　　　　　　　　　（　）
   A. 腺苷脱氢酶　　　　　　B. 尿酸氧化酶
   C. 黄嘌呤氧化酶　　　　　D. 鸟嘌呤脱氨酶
   E. 核苷磷酸化酶

8. 哺乳类动物体内直接催化尿酸生成的酶是　　　　　　　　（　）
   A. 核苷磷酸化酶　　　　　B. 鸟嘌呤脱氨酶
   C. 腺苷脱氨酶　　　　　　D. 黄嘌呤氧化酶
   E. 尿酸氧化酶

9. 痛风症的发生是由于体内缺失　　　　　　　　　　　　　（　）
   A. 腺苷脱氢酶
   B. 鸟嘌呤-次黄嘌呤磷酸核糖转移酶
   C. 黄嘌呤氧化酶
   D. 鸟嘌呤脱氢酶
   E. 核苷磷酸化酶

10. Lesch-Nyhan 综合征是因为缺乏　　　　　　　　　　　　（　）
    A. HGPRT　　　　　　　　B. IMP 脱氢酶
    C. 腺苷激酶　　　　　　　D. PRPP 酰胺转移酶
    E. PRPP 合成酶

11. 嘧啶核苷酸从头合成中,氨基甲酰磷酸的生成部位是　　　（　）
    A. 线粒体　　　　　　　　B. 微粒体
    C. 细胞液　　　　　　　　D. 溶酶体
    E. 细胞核

12. 嘧啶核苷酸从头合成的特点是　　　　　　　　　　　　　（　）
    A. 先合成碱基,再合成核苷酸
    B. 氨基甲酰磷酸在线粒体中合成
    C. 谷氨酸提供氮原子

D. 需要一碳单位的参与

E. 不需要 $CO_2$ 的参与

13. 嘧啶环中的两个氮原子来自 (    )

    A. 谷氨酰胺和氨

    B. 谷氨酰胺和天冬酰胺

    C. 谷氨酰胺和谷氨酸

    D. 谷氨酸和氨基甲酰磷酸

    E. 天冬氨酸和谷氨酰胺

14. 胸腺嘧啶的甲基来自 (    )

    A. $N^5, N^{10}$-甲炔 $FH_4$     B. $N^5, N^{10}$-甲烯 $FH_4$

    C. $N^{10}$-甲酰 $FH_4$     D. $N^5$-亚氨甲基 $FH_4$

    E. $N^5$-甲基 $FH_4$

15. 催化 dUMP 转变为 dTMP 的酶是 (    )

    A. 核糖核苷酸还原酶     B. 甲基转移酶

    C. 胸苷酸合酶     D. 核苷酸激酶

    E. 脱氧胸苷激酶

16. dTMP 合成的直接前体是 (    )

    A. dUMP     B. dUDP

    C. dUTP     D. TMP

    E. TDP

17. 在体内能分解产生 β-氨基异丁酸的核苷酸是 (    )

    A. AMP     B. GMP

    C. CMP     D. dTMP

    E. UMP

18. 既参与 UMP 的合成,又参与 IMP 合成的化合物是 (    )

    A. 天冬酰胺     B. 谷氨酰胺

    C. 甘氨酸     D. 甲硫氨酸

    E. 一碳单位

19. 下列能作为氨基酸代谢与核苷酸代谢桥梁的途径是 (    )

    A. 磷酸戊糖途径     B. 三羧酸循环

    C. 一碳单位代谢     D. 嘌呤核苷酸循环

    E. 鸟氨酸循环

20. 能作为核苷酸代谢与糖代谢桥梁的途径是 (    )

    A. 糖酵解     B. 糖有氧氧化

C. 磷酸戊糖途径   D. 糖异生

E. 嘌呤核苷酸循环

21. 某老年男性患者,主诉关节疼痛,经检查,血浆尿酸达 600 μmol/L,医生劝其不要食用肝,其原因是肝富含 ( )

A. 氨基酸   B. 糖原

C. 嘌呤碱   D. 嘧啶碱

E. 胆固醇

## 二、填空题

1. 体内核苷酸的合成有_____和_____两条途径。

2. 在嘌呤核苷酸从头合成中首先合成 IMP,然后转化成_____、_____。

3. 体内脱氧核苷酸是由_____直接还原而生成的。

4. 嘌呤碱在体内分解代谢的终产物是_____,当血中浓度超过 0.48 mmol/L 时,可导致_____症。

# 第十章 DNA 的生物合成

## 知识要点

1. 半保留复制：子代细胞的 DNA，一条单链从亲代完整地接受过来，另一条单链则完全重新合成，这种复制方式称为半保留复制。

2. 半不连续复制：领头链连续复制而随从链不连续复制的方式称为半不连续复制。

3. 复制主要的酶类：DNA 聚合酶、引物酶、DNA 解旋酶、拓扑异构酶、SSB、DNA 连接酶。

4. DNA 复制的原料：dNTP；DNA 的合成方向：$5'\rightarrow 3'$；DNA 合成中出现的不连续片段称冈崎片段。

## 配套习题

### 一、名词解释

1. 半保留复制

2. 半不连续复制

### 二、选择题

1. 下列关于 DNA 复制的叙述，正确的是　　　　　　　　　　　　　　（　）

   A. 以 4 种 dNTP 为原料

   B. 子代 DNA 中，两条链的核苷酸顺序完全相同

   C. 复制不仅需要 DNA 聚合酶，还需要引物酶

   D. 复制中子链的合成是沿 $3'\rightarrow 5'$ 方向进行

   E. 可从头合成新生链

2. 下列不符合 DNA 复制规律的是　　　　　　　　　　　　　　　　　（　）

A. 不对称复制 B. 半保留复制

C. 半不连续复制 D. 有固定的起点

E. 双向复制

3. DNA 合成的原料是 （    ）

   A. dNTP B. dNDP

   C. dNMP D. NTP

   E. NDP

4. 在 DNA 复制中,RNA 引物的作用是 （    ）

   A. 引导 DNA 聚合酶与 DNA 模板结合

   B. 提供 5′-Pi 末端

   C. 为延伸子代 DNA 提供 3′-OH 末端

   D. 诱导 RNA 的合成

   E. 提供 4 种 NTP 附着的部位

5. 下列关于拓扑异构酶的叙述,错误的是 （    ）

   A. 能改变 DNA 分子的拓扑构象

   B. 使 DNA 解链旋转时不致缠结

   C. 催化水解 DNA 分子中的磷酸二酯键

   D. 催化 DNA 分子中磷酸二酯键的形成

   E. 必须由 ATP 供能

6. 拓扑异构酶的功能是 （    ）

   A. 解开 DNA 双螺旋,使其易于复制

   B. 使 DNA 解链旋转时不致缠结

   C. 使 DNA 异构为 RNA 引物

   D. 辨认复制起始点

   E. 稳定分开的 DNA 单链

7. 单链 DNA 结合蛋白(SSB)的生理作用,不包括 （    ）

   A. 连接单链 RNA B. 参与 DNA 的复制

   C. 防止 DNA 单链重新形成双螺旋 D. 防止单链模板被核酸酶水解

   E. 能够反复发挥作用

8. 下列关于大肠杆菌 DNA 连接酶的叙述,正确的是 （    ）

   A. 促进 DNA 形成超螺旋结构

   B. 去除引物,填补空缺

   C. 需 ATP 供能

   D. 使相邻的两个 DNA 单链连接

E. 连接 DNA 分子上的单链缺口

9. DNA 复制中,与 DNA 片段 5′-ATGCGG-3′ 互补的子链是　　　(　)
   A. 5′-ATGCGG-3′　　　　　　B. 5′-CCGCAT-3′
   C. 5′-TACGCC-3′　　　　　　D. 5′-TUCGCC-3′
   E. 5′-CCGCAU-3′

10. 原核生物 DNA 复制需 5 种酶参与:①DNA 聚合酶Ⅲ;②解螺旋酶;③DNA 聚合酶Ⅰ;④引物酶;⑤DNA 连接酶。其作用顺序为　　　(　)
    A. ①②③④⑤　　　　　　　B. ②④①③⑤
    C. ②④⑤①③　　　　　　　D. ①③②⑤④
    E. ⑤③②①④

11. 真核生物 DNA 复制中生成的冈崎片段
    A. 是领头链上形成的短片段
    B. 是随从链上形成的短片段
    C. 是领头链的模板上形成的短片段
    D. 是随从链的模板上形成的短片段
    E. 是领头链和随从链上都可以形成的短片段

12. DNA 复制中冈崎片段间的连接需要　　　　　　　　　　　(　)
    A. 拓扑异构酶　　　　　　　B. 单链 DNA 结合蛋白
    C. 解螺旋酶　　　　　　　　D. DNA 连接酶
    E. DNA 聚合酶

13. 下列有关 DNA 复制特点的叙述,错误的是　　　　　　　　(　)
    A. 半保留复制
    B. 半不连续性
    C. 双向复制
    D. DNA 聚合酶沿模板链的 5′→3′方向移动
    E. 子链的延伸方向是 5′→3′

14. DNA 损伤后,机体可通过 4 种酶的协同作用将损伤修复:①核酸内切酶;②DNA 连接酶;③DNA 聚合酶Ⅰ的 5′→3′聚合酶活性;④DNA 聚合酶Ⅰ的 5′→3′外切酶活性。其作用顺序是　　　　　　　　　　　(　)
    A. ①②③④　　　　　　　　B. ①④③②
    C. ②③④①　　　　　　　　D. ③②①④
    E. ④③②①

15. 紫外线辐射造成的 DNA 损伤,最易形成的二聚体是　　　(　)
    A. C-T　　　　　　　　　　B. C-C

C. T-T  D. T-U

E. C-U

16. 不参与 DNA 损伤修复的酶是　　　　　　　　　　　　　　　　　(　　)

A. 光复活酶　　　　　　　　B. 引物酶

C. DNA 聚合酶Ⅰ　　　　　　D. DNA 连接酶

E. 解螺旋酶

17. DNA 切除修复不包括的步骤是　　　　　　　　　　　　　　　　(　　)

A. 识别　　　　　　　　　　B. 切除

C. 修补　　　　　　　　　　D. 异构

E. 连接

18. 下列关于切除修复的叙述,错误的是　　　　　　　　　　　　　　(　　)

A. 是 DNA 损伤修复的主要方式

B. 需蛋白复合物识别受损 DNA 造成的损伤

C. 由核酸内切酶和解螺旋酶去除受损的 DNA 片段

D. 由引物酶合成 RNA 引物

E. 由 DNA 聚合酶填补空隙和 DNA 连接酶连接缺口

19. 造成 DNA 分子损伤与突变的化学因素主要有　　　　　　　　　　(　　)

A. 硝酸盐　　　　　　　　　B. 硫酸盐

C. 亚硝酸盐　　　　　　　　D. 亚硫酸盐

E. 磷酸盐

20. DNA 损伤后的主要修复方式是　　　　　　　　　　　　　　　　(　　)

A. 光修复　　　　　　　　　B. 错配修复

C. 切除修复　　　　　　　　D. 重组修复

E. SOS 修复

三、填空题

1. 以亲代 DNA 为模板,按照_____、_____碱基配对规律合成子代 DNA 的过程,称为_____。

2. DNA 复制分为_____、_____和_____ 3 个阶段。

3. DNA 复制连续合成的链称为_____,不连续合成的链_____。

4. DNA 复制中子链的延伸方向是_____。

5. 复制中随从链上的不连续 DNA 片段称为_____。

6. DNA 复制中,与 DNA 片段 5′-CCATATGC-3′互补的子链是_____。

7. DNA 复制的模板是解开的单链_____,所需的原料包括 4 种脱氧核苷酸,即_____、_____、_____、_____。

# 第十一章 RNA 的生物合成

## 知识要点

1. 转录:生物体以 DNA 为模板合成 RNA 的过程。

2. 基本过程:起始(全酶 $\alpha_2\beta\beta'\sigma$ 起始转录)、延伸(核心酶 $\alpha_2\beta\beta'$ 转录延长)、终止(分为依赖 $\rho$ 因子和非依赖 $\rho$ 因子的转录终止);转录是一种不对称性转录;RNA 的合成方向:$5'\rightarrow 3'$。

3. mRNA 的转录后加工:首、尾的修饰;hnRNA 的剪接。

4. 反转录:以 RNA 为模板合成 DNA 的过程;反转录酶为依赖 RNA 的 DNA 聚合酶;反转录合成的 DNA 链称为互补 DNA(cDNA)。

## 配套习题

### 一、名词解释

1. 转录

2. 反转录

### 二、选择题

1. 合成 RNA 需要的原料是　　　　　　　　　　　　　　　　　　　　　( )
   A. dNTP            B. dNMP
   C. NMP             D. NTP
   E. NDP

2. 转录的含义是　　　　　　　　　　　　　　　　　　　　　　　　　( )
   A. 以 DNA 为模板合成 DNA 的过程
   B. 以 DNA 为模板合成 RNA 的过程
   C. 以 RNA 为模板合成 RNA 的过程

D. 以 RNA 为模板合成 DNA 的过程

E. 以 DNA 为模板合成蛋白质的过程

3. 下列关于复制与转录的说法,错误的是 （　　）

　　A. 新生链的合成都以碱基配对的原则进行

　　B. 新生链的合成方向均为 $5'\rightarrow 3'$

　　C. 聚合酶均催化磷酸二酯键的形成

　　D. 均以 DNA 分子为模板

　　E. 都需要 NTP 为原料

4. DNA 双链中,指导合成 RNA 的那条链称为 （　　）

　　A. 反意义链　　　　　　B. Crick 链

　　C. 编码链　　　　　　　D. 模板链

　　E. 以上都不对

5. 下列关于 DNA 复制和转录的叙述,错误的是 （　　）

　　A. 都以 DNA 为模板　　　　B. 都需 dNTP 作原料

　　C. 遵从 A-T(U)配对,G-C 配对　　D. 都需依赖 DNA 的聚合酶

　　E. 产物都是多核苷酸链

6. 下列有关转录和复制的叙述,正确的是 （　　）

　　A. 合成的产物均需要加工

　　B. 与模板链的碱基配对均为 A-T

　　C. 合成起始都需要引物

　　D. 原料都是 dNTP

　　E. 都在细胞核内进行

7. 下列关于 DNA 指导的 RNA 聚合酶的叙述,错误的是 （　　）

　　A. 以 DNA 为模板合成 RNA

　　B. 是 DNA 合成的酶

　　C. 以 4 种 NTP 为底物

　　D. 催化 $3',5'$-磷酸二酯键的形成

　　E. 没有 DNA 时,不能发挥作用

8. 下列有关原核生物 RNA 聚合酶的叙述,错误的是 （　　）

　　A. $\sigma$ 因子参与启动

　　B. 全酶含有 $\sigma$ 因子

　　C. 全酶与核心酶的差别在于是否存在 $\sigma$ 亚基

　　D. 核心酶由 $\alpha_2\beta\beta'$ 组成

　　E. 核心酶由 $\alpha\beta\beta'$ 组成

9. 原核生物识别转录起始点的亚基是 ( )
   A. α          B. β
   C. ρ          D. σ
   E. β′

10. 外显子是指
    A. 不被翻译的序列          B. 不被转录的序列
    C. 被翻译的编码序列        D. 被转录非编码的序列
    E. 以上都不是

11. 原核生物与转录起始的酶是 ( )
    A. 解链酶                  B. 引物酶
    C. RNA 聚合酶全酶          D. 核心酶
    E. RNA 聚合酶 Ⅱ

12. 原核生物中 DNA 指导的 RNA 聚合酶的核心酶组成是 ( )
    A. $α_2ββ′σ$               B. $α_2ββ′$
    C. $αββ′$                  D. $α_2β$
    E. $ββ′$

13. 下列关于大肠杆菌转录过程的叙述，正确的是 ( )
    A. 有冈崎片段形成          B. 需要 RNA 引物
    C. 不连续合成同一链        D. 与翻译过程几乎同时进行
    E. RNA 聚合酶覆盖的全部 DNA 均打开

14. 原核生物识别转录起点的是 ( )
    A. ρ 因子                  B. α 亚基
    C. σ 因子                  D. 核心酶
    E. β 亚基

15. 下列关于原核生物转录延长阶段的叙述，错误的是 ( )
    A. σ 因子从转录起始复合物上脱落
    B. RNA 聚合酶核心酶催化此过程
    C. RNA 聚合酶与模板结合松弛
    D. RNA 聚合酶与模板结合紧密
    E. 转录过程未终止时，即开始翻译

16. mRNA 转录后的加工不包括 ( )
    A. 5′端加帽子结构          B. 3′端加 polyA 尾
    C. 切除内含子              D. 连接外显子
    E. 3′端加 CCA 尾

17. 转录过程中需要的酶是 ( )

   A. DNA 指导的 DNA 聚合酶　　B. 核酸酶

   C. RNA 指导的 RNA 聚合酶Ⅱ　　D. DNA 指导的 RNA 聚合酶

   E. RNA 指导的 DNA 聚合酶

18. ρ 因子的功能是 ( )

   A. 结合阻遏物于启动区域处

   B. 增加 RNA 合成速率

   C. 释放结合在启动子上的 RNA 聚合酶

   D. 参与转录的终止过程

   E. 允许特定转录的启动过程

19. 内含子是指 ( )

   A. 不被转录的序列　　B. 被转录的非编码序列

   C. 被翻译的序列　　　D. 编码序列

   E. 以上都不是

20. DNA 某段碱基顺序为 5′-ATCAGTCAG-3′,转录后 RNA 上相应的碱基顺序为 ( )

   A. 5′-CUGACUGAU-3′　　B. 5′-CTGACTGAT-3′

   C. 5′-UAGUCAGUC-3′　　D. 5′-ATCAGTCAG-3′

   E. 5′-UTGUCAGUG-3′

21. DNA 某段碱基顺序为 5′-AGCATCTA-3′,转录后 RNA 上相应的碱基顺序为 ( )

   A. 5′-TCGTAGAT-3′　　B. 5′-UCGUAGAU-3′

   C. 5′-UAGAUGCU-3′　　D. 5′-TAGATGCT-3′

   E. 以上都不是

22. 外显子是 ( )

   A. 基因突变的表现

   B. 断裂开的 DNA 片段

   C. 不转录的 DNA 也就是反义链

   D. 真核生物基因中能表达为成熟 RNA 的核酸序列

   E. 真核生物基因初级产物中表达的非编码序列

23. mRNA 链的 5′端最常见的核苷酸是 ( )

   A. ATP　　　　B. TTP

   C. GMP　　　D. CTP

   E. GTP

24. 真核生物 mRNA 的转录后加工有 ( )
    A. 3′末端加上 CCA-OH        B. 把内含子拼接起来
    C. 脱氨反应                  D. 去除外显子
    E. 首、尾修饰和剪接

25. 下列关于外显子的叙述,正确的是 ( )
    A. 基因突变的序列            B. mRNA 5′端的非编码序列
    C. 断裂基因中的编码序列      D. 断裂基因中的非编码序列
    E. 成熟 mRNA 中的编码序列

26. 下列关于 mRNA 的叙述,正确的是 ( )
    A. 3′末端含有 CCA-OH        B. 在 3 种 RNA 中寿命最长
    C. 5′末端有"帽子"结构       D. 含许多稀有碱基
    E. 成熟 mRNA 中的编码序列

27. 不属于转录后修饰的反应是 ( )
    A. 5′端加上帽子结构          B. 3′端加聚腺苷酸尾巴
    C. 脱氨反应                  D. 外显子去除
    E. 内含子去除

28. tRNA 稀有碱基的生成反应,不包括 ( )
    A. 甲基化反应                B. 还原反应
    C. 核苷内的转位反应          D. 脱氨反应
    E. 水解反应

29. 反转录酶可以催化的反应是 ( )
    A. DNA→蛋白质                B. DNA→RNA
    C. RNA→RNA                   D. RNA→RNA-DNA 杂交体→DNA
    E. RNA→蛋白质

30. 将病毒 RNA 的核苷酸顺序的信息,在宿主体内转变为脱氧核苷酸顺序的过程是 ( )
    A. 复制                      B. 转录
    C. 反转录                    D. 翻译
    E. 翻译后加工

31. 在 DNA 生物合成中,具有催化 RNA 指导的 DNA 聚合反应,RNA 水解及 DNA 指导的 DNA 聚合反应三种功能的酶是 ( )
    A. DNA 聚合酶                B. RNA 聚合酶
    C. DNA 水解酶                D. 反转录酶
    E. 连接酶

32. 反转录酶不具有的特性是 （　　）

　　A. 存在于致癌的 RNA 病毒中　　B. 以 RNA 为模板合成 DNA

　　C. RNA 聚合酶活性　　　　　　D. RNA 酶活性

　　E. 可以在新合成的 DNA 链上合成另一条互补 DNA 链

33. 下列关于 cDNA 的叙述，正确的是 （　　）

　　A. 与模板链互补的 DNA　　　　B. 与编码链互补的 DNA

　　C. 与任一 DNA 单链互补的 DNA　D. 与 RNA 互补的 DNA

　　E. 指 RNA 病毒

### 三、填空题

1. 大肠杆菌的 RNA 聚合酶由 $\alpha_2\beta\beta'\sigma$ 5 个亚基组成，其中辨认起始点的亚基是_____，其余 4 个亚基共同组成_____。

2. RNA 转录是沿着模板链的_____方向进行，RNA 链按_____方向合成。

3. DNA 双链中具有转录功能的单股链称_____，相对应的另一股单链称_____。

4. RNA 的转录过程分为_____、_____、_____3 个阶段。

5. 以 5′-CATGTA-3′为模板，转录产物是_____。

6. 5′-ACAGUA-3′为一转录产物，它的模板是_____。

7. 初级 hnRNA 生成后，需要在 5′端形成_____，3′端加上_____尾巴。

8. 反转录是以_____为模板，在_____酶作用下，以 dNTP 为原料，合成_____的过程。

# 第十二章　蛋白质的生物合成

> **知识要点**

1. 参与蛋白质生物合成的物质：编码氨基酸、酶及蛋白因子、RNA、供能物质及无机离子。

2. 蛋白质合成的直接模板是 mRNA；起始密码子：AUG；终止密码子：UAA、UAG、UGA。tRNA 是氨基酸的转运工具，其分子结构中有反密码子与 mRNA 上的密码子互补。核糖体是蛋白质的合成场所，由 rRNA 和多种蛋白质结合组成。

3. 蛋白质生物合成的简要过程：起始（识别起始密码子、组装翻译复合体）、延伸（进位、成肽、转位三步的循环）、终止（识别终止密码子、翻译复合体解聚）。翻译的方向：$5'→3'$；肽链的合成方向：N 末端→C 末端。

4. 蛋白质的生物合成与医学的关系：分子病（由于基因突变，蛋白质一级结构改变所导致的疾病）；抗生素和干扰素（影响蛋白质的合成）。

> **配套习题**

## 一、名词解释

1. 翻译

2. 分子病

## 二、选择题

1. 蛋白质合成方向　　　　　　　　　　　　　　　　　　　　　　（　　）
　　A. 由 mRNA 的 $5'$ 端→$5'$ 端进行　　B. 由 N 端向 C 端进行
　　C. 由 C 端向 N 端进行　　　　　　D. 由 28S tRNA 指导
　　E. 由 4S rRNA 指导

## 第十二章 蛋白质的生物合成

2. 翻译过程的产物是 （ ）
   A. 蛋白质　　　　　　　　B. tRNA
   C. mRNA　　　　　　　　D. rRNA
   E. DNA

3. 蛋白质生物合成中多肽链的氨基酸排列取决于 （ ）
   A. 相应 tRNA 的专一性
   B. 相应氨基酰-tRNA 合成酶的专一性
   C. 相应 tRNA 中核苷酸排列顺序
   D. 相应 mRNA 中核苷酸排列顺序
   E. 相应 rRNA 的专一性

4. 不直接参与蛋白质合成的物质是 （ ）
   A. mRNA　　　　　　　　B. tRNA
   C. rRNA　　　　　　　　D. DNA
   E. RF

5. 下列在蛋白质生物合成中有转运氨基酸作用的 RNA 是 （ ）
   A. mRNA　　　　　　　　B. rRNA
   C. tRNA　　　　　　　　D. hnRNA
   E. 以上都不是

6. 下列关于氨基酸密码的叙述,正确的是 （ ）
   A. 由 DNA 链中相邻的三个核苷酸组成
   B. 由 tRNA 中相邻的三个核苷酸组成
   C. 由 mRNA 上相邻的三个核苷酸组成
   D. 由 rRNA 中相邻的三个核苷酸组成
   E. 由多肽链中相邻的三个核苷酸组成

7. 在蛋白质分子中没有遗传密码的氨基酸是 （ ）
   A. 色氨酸　　　　　　　　B. 甲硫氨酸
   C. 羟脯氨酸　　　　　　　D. 谷氨酰胺
   E. 赖氨酸

8. 蛋白质生物合成中能终止多肽链延长的密码子有几个 （ ）
   A. 1　　　　　　　　　　B. 2
   C. 3　　　　　　　　　　D. 4
   E. 5

9. 下列关于氨基酸密码子的描述,错误的是 （ ）
   A. 因为密码子有种属特异性,所以不同生物合成不同的蛋白质

B. 密码子阅读有方向性,5′→3′

C. 一种氨基酸可有一组以上的密码子

D. 一组密码子可代表一种氨基酸

E. 密码子第3位碱基在决定掺入氨基酸的特异性方面重要性较小

10. 遗传密码的简并性是指 （　　）

　　A. 一些三联体密码子可缺少一个嘌呤碱或嘧啶碱

　　B. 密码子中有许多稀有碱基

　　C. 大多数氨基酸有一组以上的密码子

　　D. 一些密码子适用于一种以上的氨基酸

　　E. 以上都不是

11. 能代表多肽链合成起始信号的遗传密码子是 （　　）

　　A. UAG　　　　　　　　　　B. GAU

　　C. UAA　　　　　　　　　　D. AUG

　　E. UGA

12. 下列关于遗传密码的简并性的叙述,正确的是 （　　）

　　A. 每种氨基酸都有2种以上的遗传密码子

　　B. 密码子的专一性取决于第3位碱基

　　C. 有利于遗传的稳定性

　　D. 可导致移码突变

　　E. 两个密码子可合并成一个密码子

13. 能识别 mRNA 中的密码子 5′-GCA-3′的反密码子为 （　　）

　　A. 3′-UCC-5′　　　　　　　B. 5′-CCU-3′

　　C. 3′-CGT-5′　　　　　　　D. 5′-UGC-3′

　　E. 5′-TCC-3′

14. 按照标准遗传密码表,生物体编码20种氨基酸的密码子数目是 （　　）

　　A. 60　　　　　　　　　　　B. 61

　　C. 62　　　　　　　　　　　D. 63

　　E. 64

15. 摆动配对是指 （　　）

　　A. 密码子第1位碱基与反密码子的第3位碱基

　　B. 密码子第3位碱基与反密码子的第1位碱基

　　C. 密码子第2位碱基与反密码子的第3位碱基

　　D. 密码子第2位碱基与反密码子的第1位碱基

　　E. 密码子第3位碱基与反密码子的第3位碱基

## 第十二章 蛋白质的生物合成

16. 遗传密码的特点不包括 （ ）
    A. 通用性　　　　　　　　　B. 连续性
    C. 特异性　　　　　　　　　D. 简并性
    E. 方向性

17. tRNA 中能辨认 mRNA 密码子的部位是 （ ）
    A. 3′-CCA—OH 末端　　　　B. 5′-Pi 末端
    C. 反密码子环　　　　　　　D. DHU 环
    E. TΨC 序列

18. 原核生物新合成多肽链 N 端的第一位氨基酸为 （ ）
    A. 赖氨酸　　　　　　　　　B. 苯丙氨酸
    C. 半胱氨酸　　　　　　　　D. 甲酰甲硫氨酸
    E. 甲硫氨酸

19. 与蛋白质生物合成有关的酶不包括 （ ）
    A. GTP 水解酶　　　　　　　B. 转肽酶
    C. 转位酶（EF-G）　　　　　D. 转氨酶
    E. 氨基酰-tRNA 合成酶

20. 参与多肽链释放的蛋白质因子是 （ ）
    A. RF　　　　　　　　　　　B. IF
    C. eIF　　　　　　　　　　　D. EF-Tu
    E. EFG

21. 原核生物翻译时的启动 tRNA 是 （ ）
    A. Met-tRNA$^{Met}$　　　　　B. Met-tRNA$_i^{Met}$
    D. fMet-tRNA$^{fMet}$　　　　D. Arg-tRNA$^{Arg}$
    E. Ser-tRNA$^{Ser}$

22. 氨基酰 tRNA 合成酶的特点是 （ ）
    A. 能专一识别氨基酸,但对 tRNA 无专一性
    B. 既能专一识别氨基酸,又能专一识别 tRNA
    C. 在细胞中只有 20 种
    D. 催化氨基酸与 tRNA 以氢键连接
    E. 主要存在于线粒体中

23. 核糖体循环是指 （ ）
    A. 活化氨基酸缩合形成多肽链的过程
    B. 70S 起始复合物的形成过程
    C. 核糖体沿 mRNA 的相对移位

D. 核糖体大、小亚基的聚合与解聚

E. 多聚核糖体的形成过程

24. 肽链合成的起始阶段所形成的 70S 起始复合物中，不包括　　　（　　）

   A. mRNA　　　　　　　　　　B. fMet-tRNA$^{fMet}$

   C. 核糖体大亚基　　　　　　　D. 核糖体小亚基

   E. EF-Tu

25. 多聚核糖体中每一个核糖体　　　　　　　　　　　　　　　　（　　）

   A. 由 mRNA 的 3′端向 5′端移动　　B. 可合成多种肽链

   C. 可合成一种多肽链　　　　　　　D. 呈解离状态

   E. 可被放线菌素抑制

26. 下列关于多聚核糖体的叙述，正确的是　　　　　　　　　　　（　　）

   A. 是一种多顺反子

   B. 是 mRNA 前体

   C. 是 mRNA 与核糖体小亚基的结合物

   D. 是一组核糖体与一个 mRNA 不同区段的结合物

   E. 以上都不是

27. 蛋白质合成时能使肽链从核糖体上释放的物质是　　　　　　　（　　）

   A. 终止密码子　　　　　　　　B. 转肽酶的酯酶活性

   C. 核糖体释放因子　　　　　　D. 核糖体解聚

   E. 延长因子

28. 蛋白质合成时肽链合成终止的原因是　　　　　　　　　　　　（　　）

   A. 已达到 mRNA 分子的尽头

   B. 特异的 tRNA 识别终止因子

   C. 终止因子本身具有酯酶作用，可水解肽酰基与 tRNA 之间的酯键

   D. 释放因子能识别终止密码子并进入受位

   E. 终止密码子部位有较大阻力，核糖体无法沿 mRNA 移动

29. 蛋白质生物合成中活化的氨基酸与 tRNA 结合需要　　　　　（　　）

   A. 氨基酰-tRNA 激酶　　　　　B. 氨基酰-tRNA 合成酶

   C. ATP 合成酶　　　　　　　　D. 转肽酶

   E. GTP

30. 肽链延长阶段不包括　　　　　　　　　　　　　　　　　　　（　　）

   A. fMet-tRNA$^{fMet}$ 与核糖体小亚基结合

   B. 氨基酰 tRNA 与核糖体结合

   C. 肽键的形成

D. 空载 tRNA 从核糖体上脱落

E. 核糖体沿 mRNA 向 3'-端移动

31. 能识别终止密码子的是 （  ）

    A. EF-G			B. polyA

    C. RF			D. m$^7$GTP

    E. IF

32. 下列关于多聚核糖体的描述，错误的是 （  ）

    A. 由一条 mRNA 与多个核糖体构成

    B. 在同一时刻合成相同长度的多肽链

    C. 可提高蛋白质合成的速度

    D. 合成的多肽链结构完全相同

    E. 核糖体沿 mRNA 链移动的方向为 5'→3'

33. 真核生物翻译过程所在的亚细胞部位为 （  ）

    A. 胞液			B. 粗面内质网

    C. 滑面内质网		D. 线粒体

    E. 微粒体

34. 分子病是指 （  ）

    A. 细胞内低分子化合物浓度异常所导致的疾病

    B. 蛋白质分子的靶向输送障碍

    C. 基因突变导致蛋白质一级结构和功能的改变

    D. 朊病毒感染引起的疾病

    E. 由于染色体数目改变所导致的疾病

35. 下列关于镰刀形红细胞贫血病的叙述，错误的是 （  ）

    A. 血红蛋白 β 链编码基因发生点突变

    B. 血红蛋白 β 链第 6 位残基被谷氨酸取代

    C. 血红蛋白分子容易相互黏着

    D. 红细胞变形为镰刀状

    E. 红细胞极易破裂，产生溶血性贫血

三、填空题

1. 催化氨基酸活化的酶是_____，由_____提供活化所需能量。

2. 核糖体循环是由_____、_____和_____ 3 个步骤周而复始地进行的。

3. 蛋白质合成时，沿 mRNA 模板的_____方向进行，肽链的合成由_____进行。

4.遗传密码的主要特点是_____、_____、_____、_____和_____。

5.翻译的直接模板是_____,运载氨基酸的是_____,蛋白质合成的场所是_____。

6.翻译过程可分为_____、_____、_____3个阶段。

7.遗传密码共有_____个,代表不同氨基酸的有_____个,终止密码子有_____个,起始密码子是_____,还可代表的氨基酸是_____。

# 第十三章　基因表达调控

>>> 知识要点

1.基因表达:是基因转录及翻译的过程,即遗传信息按 DNA→RNA→蛋白质传递的过程(编码 rRNA、tRNA 基因的转录也属于基因表达)。

2.癌基因:指能在体外引起细胞转化,在体内诱发肿瘤的基因(与细胞增殖正调控有关,具有潜在致癌能力的基因)。

3.抑癌基因:是一类能抑制细胞过度生长、增殖从而遏制肿瘤形成的基因(与细胞增殖负调控有关,具有抑制肿瘤形成作用的基因)。

>>> 配套习题

一、名词解释

1.基因表达

2.癌基因

3.抑癌基因

二、选择题

1.下列关于基因表达的概念,错误的是　　　　　　　　　　　　　　(　　)

　A.其过程总是经历基因转录及翻译的过程

　B.某些基因表达经历转录及翻译等过程

　C.某些基因表达产物是蛋白质分子

　D.某些基因表达产物不是蛋白质分子

　E.某些基因表达产物是 RNA 分子

2. 下列关于真核细胞基因的叙述,正确的是　　　　　　　　　(　)
   A. 2%～15%的基因有转录活性
   B. 15%～20%的基因有转录活性
   C. 20%～30%的基因有转录活性
   D. 25%～40%的基因有转录活性
   E. 40%～50%的基因有转录活性

3. 目前认为基因表达调控的主要环节是　　　　　　　　　　(　)
   A. 基因活化　　　　　　　　B. 转录起始
   C. 转录后加工　　　　　　　D. 翻译起始
   E. 翻译后加工

4. 根据操纵子学说,对基因活性起调节作用的是　　　　　　　(　)
   A. RNA 聚合酶　　　　　　　B. 阻遏蛋白
   C. 诱导酶　　　　　　　　　D. 连接酶
   E. DNA 聚合酶

5. 操纵子的基因表达调节系统属于　　　　　　　　　　　　(　)
   A. 复制水平的调节　　　　　B. 转录水平的调节
   C. 翻译水平的调节　　　　　D. 反转录水平的调节
   E. 翻译后水平的调节

6. 下列关于基因组的叙述,错误的是　　　　　　　　　　　(　)
   A. 基因组是指一个细胞或病毒所携带的全部遗传信息
   B. 基因组是指一个细胞或病毒的整套基因
   C. 不同生物的基因组所含的基因多少不同
   D. 基因组中基因表达不受环境影响
   E. 有些生物的基因组是由 RNA 组成的

7. 乳糖操纵子的阻遏物是　　　　　　　　　　　　　　　(　)
   A. 操纵基因表达产物　　　　B. 结构基因表达产物
   C. 调节基因表达产物　　　　D. 乳糖
   E. 任何小分子有机物

8. 顺式作用元件是指　　　　　　　　　　　　　　　　　(　)
   A. 具有转录调节功能的蛋白质
   B. 具有转录调节功能的 DNA 序列
   C. 具有转录调节功能的 RNA 序列
   D. 具有转录调节功能的 DNA 和 RNA 序列
   E. 具有转录调节功能的氨基酸序列

9. 一个操纵子通常具有 （ ）
   A. 一个启动序列和一个结构基因
   B. 一个启动序列和几个结构基因
   C. 两个启动序列和一个结构基因
   D. 几个启动序列和一个结构基因
   E. 几个启动序列和几个结构基因

10. 下列有关癌基因的论述,正确的是 （ ）
    A. 癌基因只存在于病毒中
    B. 细胞癌基因来源于病毒基因
    C. 有癌基因的细胞迟早都会发生癌变
    D. 癌基因是根据其功能命名的
    E. 细胞癌基因是正常基因的一部分

11. 下列关于癌变的论述,正确的是 （ ）
    A. 有癌基因的细胞便会转变为癌细胞
    B. 一个癌基因的异常激活即可引起癌变
    C. 多个癌基因的异常激活能引起癌变
    D. 癌基因无突变者不会引起癌变
    E. 癌基因不突变、不扩增、不易位、不会癌变

12. 下列关于病毒癌基因的叙述,正确的是 （ ）
    A. 使人体直接产生癌
    B. 遗传信息都储存在 DNA 上
    C. 以 RNA 为模板直接合成 RNA
    D. 可以将正常细胞转化为癌细胞
    E. 含有转化酶

13. 下列关于细胞癌基因的叙述,正确的是 （ ）
    A. 只在肿瘤细胞中出现
    B. 在正常细胞中加入化学致癌物质后才会出现
    C. 正常细胞也能检测到癌基因
    D. 是细胞经过转化才出现的
    E. 是正常人感染了致癌物质才出现的

14. 下列关于癌基因产物的叙述,正确的是 （ ）
    A. 其功能是调节细胞增殖与分化的相关的几类蛋白质
    B. 是 cDNA
    C. 是反转录病毒的外壳蛋白质

D. 是反转录酶

E. 是被称为致癌蛋白的几种蛋白质

15. 下列关于癌基因的叙述,正确的是 （　　）

　　A. *v-onc* 是正常细胞中存在的癌基因序列

　　B. 在正常高等动物细胞中可检出 *c-onc*

　　C. 癌基因产物不是正常细胞中所产生的功能蛋白质

　　D. 病毒癌基因也称为原癌基因

　　E. 病毒癌基因激活可导致肿瘤的发生

16. 癌基因可在下列哪种情况下激活 （　　）

　　A. 受致癌病毒感染　　　　B. 基因发生突变

　　C. 有化学致癌物质存在　　D. 以上均可以

　　E. 以上均不可以

17. 癌基因 （　　）

　　A. 可用 *onc* 表示

　　B. 在体外可引起细胞转化

　　C. 在体内可引起肿瘤

　　D. 是细胞内控制细胞生长的基因

　　E. 以上表达均正确

18. 下列关于细胞癌基因的叙述,正确的是 （　　）

　　A. 存在于正常生物基因组中　　B. 存在于病毒 DNA 中

　　C. 存在于 RNA 病毒中　　　　D. 又称病毒癌基因

　　E. 只要正常细胞中存在,即可导致肿瘤的发生

19. 下列关于病毒癌基因的叙述,错误的是 （　　）

　　A. 存在于 RNA 病毒基因中

　　B. 在体外能引起细胞转化

　　C. 感染宿主细胞能随机整合于宿主细胞基因组

　　D. 又称原癌细胞

　　E. 感染宿主细胞能引起恶性转化

20. 下列关于抑癌基因的叙述,错误的是 （　　）

　　A. 可促进细胞的分化　　　　B. 可诱导细胞程序性死亡

　　C. 突变时可导致肿瘤的发生　　D. 可抑制细胞过度生长

　　E. 最早发现的是 Rb

# 第十四章 细胞信号转导

## 知识要点

1. 信号分子：是指由特定的信号源产生的，可以通过扩散或体液转运等方式进行传递，作用于靶细胞并产生特意应答的一类化学物质。
2. 信号分子的种类：激素、神经递质、生长因子、细胞因子和无机物。
3. 受体的分类：细胞膜受体（离子通道型受体、G蛋白偶联受体和单跨膜受体）和细胞内受体。
4. 受体作用特点：高度的亲和力、高度的专一性、可逆性、可饱和性和特定的作用模式。

## 配套习题

### 一、名词解释

1. 受体

2. 信号分子

3. 细胞信号转导

### 二、选择题

1. 下列关于激素的描述，错误的是 （　　）
   A. 由内分泌腺细胞合成并分泌　　B. 经血液循环转运
   C. 与相应的受体非特异性结合　　D. 作用的强弱与其浓度有关
   E. 可在靶细胞膜表面或细胞内作用
2. 下列属于多肽及蛋白质类激素的是 （　　）

A. 糖皮质激素 B. 胰岛素
C. 肾上腺素 D. 前列腺素
E. 甲状腺素

3. 生长因子的特点不包括 （   ）
   A. 是一类信号分子
   B. 由特殊分化的内分泌腺所分泌
   C. 作用于特定的靶蛋白
   D. 主要以旁分泌和自分泌方式发挥作用
   E. 其化学本质为蛋白质或多肽

4. 细胞因子与生长因子的主要区别在于 （   ）
   A. 化学本质 B. 作用部位
   C. 合成与分泌的细胞类别 D. 靶细胞的功能
   E. 传递信号的方式

5. 神经递质、激素、生长因子和细胞因子传递信号的共同途径是 （   ）
   A. 形成动作电位 B. 使离子通道开放
   C. 与受体结合 D. 通过胞饮进入细胞
   E. 自由进出细胞

6. 下列不是内分泌信号传递特点的是 （   ）
   A. 持续时间长 B. 作用距离短
   C. 启动时间长 D. 作用于邻近细胞
   E. 有特定的靶细胞

7. 受体的特异性取决于 （   ）
   A. 活性中心的构象 B. 配体结合域的构象
   C. 细胞膜的流动性 D. 信号分子功能域的构象
   E. G 蛋白的构象

8. 下列关于受体作用特点的描述，错误的是 （   ）
   A. 特异性较高 B. 亲和力较低
   C. 是可逆的 D. 是可饱和的
   E. 有特定的作用模式

9. 下列选项中与受体的性质不符的是 （   ）
   A. 各类激素有其特异性的受体
   B. 各类生长因子有其特异性的受体
   C. 神经递质有其特异性的受体
   D. 受体的本质是蛋白质

E. 受体只存在于细胞膜上

10. 不属于第一信使的物质是 （　　）

　　A. 1,25-$(OH)_2$-$D_3$　　　　B. 肾上腺素

　　C. DAG　　　　　　　　D. 糖皮质激素

　　E. 生长激素

11. 不属于第二信使的物质是 （　　）

　　A. cAMP　　　　　　　B. $Ca^{2+}$

　　C. cGMP　　　　　　　D. $IP_3$

　　E. 胰岛素

12. 腺苷酸环化酶主要存在于靶细胞的 （　　）

　　A. 细胞核　　　　　　　B. 细胞膜

　　B. 胞液　　　　　　　　D. 线粒体基质

　　E. 微粒体

13. cAMP 发挥作用需要通过 （　　）

　　A. 葡萄糖激酶　　　　　B. 脂肪酸硫激酶

　　C. 蛋白激酶　　　　　　D. 磷酸化酶

　　E. 氧化磷酸化

14. 类固醇激素和甲状腺激素能自由出入细胞而参与信号转导的主要原因是

（　　）

　　A. 细胞膜上有其载体蛋白　　B. 具有脂溶性

　　C. 具有水溶性　　　　　D. 有特殊的立体结构

　　E. 以上都不对

15. 不通过细胞膜受体发挥作用的是 （　　）

　　A. 胰岛素　　　　　　　B. 肾上腺素

　　C. 1,25-$(OH)_2$-$D_3$　　　　D. 胰高血糖素

　　E. 表皮生长因子

## 三、填空题

1. 细胞膜受体可分为_____、_____ 和_____ 3 种。
2. 信号分子的传递方式有_____、_____ 和_____ 3 种。
3. 受体的作用特点包括_____、_____、_____、_____、_____。
4. 信号分子可分为 5 类,即_____、_____、_____、_____、_____。

# 第十五章 肝的生物化学

## 知识要点

1. 生物转化：非营养物质经过氧化、还原、水解和结合反应，使其毒性降低、水溶性和极性增加或活性改变，易于排出体外的过程。

2. 生物转化的反应类型：第一相反应——氧化、还原、水解反应；第二相反应——结合反应（以葡萄糖醛酸结合反应为主）。

3. 生物转化的生理意义：①使非营养物质生物学活性降低或丧失（灭活），或使有毒物质的毒性减低或消除（解毒）；②增加非营养物质的水溶性和极性，使其易于从胆汁或尿液中排出。

4. 胆色素是体内铁卟啉类化合物的主要分解代谢产物，包括胆绿素、胆红素、胆素原和胆素。

5. 胆红素与清蛋白结合运输，此时称之为未结合胆红素，又称间接胆红素。葡萄糖醛酸胆红素为结合胆红素，又称直接胆红素。葡萄糖醛酸基由 UDPGA 提供。

6. 胆红素在肠道中的变化：在肠道中，胆红素被还原成胆素原，大部分在肠道下段接触空气被氧化成黄褐色的胆素。小部分胆素原被肠黏膜重吸收，其中的大部分又被排入肠道，形成胆素原的肠肝循环，余下的小部分胆素原经肾氧化成胆素排入尿中。

7. 血清胆红素：正常人血浆中胆红素含量甚微，其中 4/5 是与清蛋白结合的游离胆红素，其余是结合胆红素。

8. 黄疸：当血浆中胆红素的浓度超过 34.2 μmol/L（2 mg/dL）时，可扩散进入组织引起皮肤、黏膜、巩膜黄染的现象，称为黄疸。黄疸按来源分为溶血性黄疸、阻塞性黄疸和肝细胞性黄疸。

## 配套习题

一、名词解释

1. 生物转化

2. 胆色素

3. 黄疸

## 二、选择题

1. 长期饥饿时肝进行的主要糖代谢途径是 （    ）
   A. 肌糖原的分解　　　　　B. 肝糖原的分解
   C. 糖异生作用　　　　　　D. 葡萄糖的利用率降低
   E. 酮体的利用率升高

2. 肝具备的功能不包括 （    ）
   A. 储存糖原和维生素　　　B. 合成尿素
   C. 进行生物氧化　　　　　D. 合成消化酶
   E. 合成清蛋白

3. 肝中储存最多的维生素是 （    ）
   A. 维生素 D　　　　　　　B. 维生素 PP
   C. 维生素 C　　　　　　　D. 维生素 B
   E. 维生素 A

4. 肝受损时血中蛋白质的主要改变是 （    ）
   A. 清蛋白含量升高
   B. 球蛋白含量下降
   C. 清蛋白含量下降,球蛋白含量相对升高
   D. 清蛋白含量升高,球蛋白含量相对下降
   E. 清蛋白、球蛋白含量均正常

5. 人体合成胆固醇最多的器官是 （    ）
   A. 脾　　　　　　　　　　B. 肝
   C. 肾　　　　　　　　　　D. 肺
   E. 肾上腺

6. 肝细胞微粒体中最重要的氧化酶系是 （    ）
   A. 单胺氧化酶　　　　　　B. 加单氧酶
   C. 醇脱氢酶　　　　　　　D. 醛脱氢酶
   E. 以上都不是

7. 所有的非营养物质经过生物转化后的改变是 （    ）

A. 毒性降低 B. 毒性增强
C. 水溶性降低 D. 水溶性增强
E. 脂溶性增强

8. 下列有关生物转化的描述,错误的是 (　　)
   A. 进行生物转化最重要的器官是肝
   B. 可以使脂溶性强的物质增加水溶性
   C. 有些物质经过氧化、还原和水解反应即可排出体外
   D. 有些必须和极性更强的物质结合才能排出体外
   E. 经过生物转化有毒物都可以变成无毒物

9. 肝病患者出现肝掌、蜘蛛痣是因为 (　　)
   A. 胰岛素灭活减弱 B. 雌激素灭活降低
   C. 雄激素灭活减低 D. 雌激素灭活增高
   E. 醛固酮灭活增高

10. 在肝生物转化的结合反应中,最常见的是 (　　)
    A. 与硫酸结合 B. 与甲基结合
    C. 与GSH结合 D. 与葡萄糖醛酸结合
    E. 与乙酰基结合

11. 不属于生物转化第一相反应的是 (　　)
    A. 氯霉素在硝基还原酶的作用下被还原失效
    B. 普鲁卡因在酯酶的作用下水解,作用消失
    C. 苯巴比妥在加单氧酶作用下羟化,作用消失
    D. 非那西丁在加单氧酶作用下羟化,极性增加
    E. 胆红素与葡萄糖醛酸结合,由胆道排泄

12. 不在肝进行生物转化的物质是 (　　)
    A. 类固醇激素 B. 胆红素
    C. 胺类 D. 酮体
    E. 药物

13. 肝进行生物转化时葡萄糖醛酸的活性供体是 (　　)
    A. GA B. UDPGA
    C. ADPGA D. UDPG
    E. CDPGA

14. 在生物转化中,催化醇生成醛的酶是 (　　)
    A. 加单氧酶系 B. 醇脱氢酶
    C. 醛脱氢酶 D. 单胺氧化酶

E. 水解酶

15. 肝细胞特异合成的物质是 （　　）

　　A. ATP　　　　　　　　B. 蛋白质

　　C. 糖原　　　　　　　　D. 尿素

　　E. 脂肪

16. 下列有关肝生物转化作用的描述，正确的是 （　　）

　　A. 只包括氧化和还原反应

　　B. 包括氧化、还原、水解和结合反应

　　C. 与生物氧化同义

　　D. 有大量能量生成

　　E. 即为激素的作用

17. 不属于生物转化反应的是 （　　）

　　A. 结合反应　　　　　　B. 氧化反应

　　C. 水解反应　　　　　　D. 还原反应

　　E. 脱羧反应

18. 加单氧酶体系主要存在于 （　　）

　　A. 线粒体　　　　　　　B. 微粒体

　　C. 细胞膜　　　　　　　D. 细胞质

　　E. 细胞核

19. 合成酮体的主要器官是 （　　）

　　A. 红细胞　　　　　　　B. 脑

　　C. 骨骼肌　　　　　　　D. 肝

　　E. 肾

20. 在肝中转变成辅酶Ⅰ和辅酶Ⅱ的维生素是 （　　）

　　A. 维生素 PP　　　　　　B. 维生素 $B_{12}$

　　C. 维生素 C　　　　　　 D. 叶酸

　　E. 维生素 $B_6$

21. 仅在肝合成的物质是 （　　）

　　A. 胆固醇　　　　　　　B. 糖原

　　C. 氨基酸　　　　　　　D. 酮体

　　E. 脂肪酸

22. 下列关于血红素合成的叙述，错误的是 （　　）

　　A. 合成血红素的关键酶是 ALA 合酶

　　B. 合成起始和完成均在线粒体

C. 血红素合成的基本原料是甘氨酸、琥珀酰 CoA 和铁

D. 血红素主要在成熟的红细胞中合成

E. 血红素与珠蛋白螯合为血红蛋白

23. 血红素合成体系中限速酶是 （   ）

  A. ALA 合酶    B. ALA 脱水酶

  C. 胆色素原脱氨酶  D. 氧化酶

  E. 铁离子螯合酶

24. 不属于铁卟啉化合物的是 （   ）

  A. 血红蛋白    B. 肌红蛋白

  C. 细胞色素    D. 清蛋白

  E. 过氧化物酶

25. 能合成血红素的细胞是 （   ）

  A. 白细胞     B. 血小板

  C. 成熟红细胞    D. 网织红细胞

  E. 以上都不能合成

26. ALA 合酶发挥作用的部位是 （   ）

  A. 微粒体     B. 内质网

  C. 线粒体     D. 溶酶体

  E. 细胞核

27. 下列有关胆红素的说法，错误的是 （   ）

  A. 在肝细胞内主要与葡萄糖醛酸结合

  B. 在血中主要以清蛋白-胆红素复合体形式运输

  C. 由肝内排出时需要转运蛋白

  D. 双葡萄糖醛酸胆红素的合成是在肝细胞溶酶体内进行的

  E. 未结合胆红素具有亲脂疏水的特性

28. 正常人血清中胆色素主要为 （   ）

  A. 结合胆红素    B. 未结合胆红素

  C. 胆绿素     D. 胆素原

  E. 胆素

29. 与胆红素发生结合反应的主要物质是 （   ）

  A. 甲基      B. 乙酰基

  C. 甘氨酸     D. 谷胱甘肽

  E. 葡萄糖醛酸

30. 催化葡萄糖醛酸胆红素生成的酶是 （   ）

A. 葡萄糖醛酸基合成酶　　　　　B. 葡萄糖醛酸基氧化酶

C. 葡萄糖醛酸基还原酶　　　　　D. 葡萄糖醛酸基结合酶

E. 葡萄糖醛酸基转移酶

31. 胆红素在小肠被还原成 （　　）

　　A. 粪胆素　　　　　　　　　　B. 胆素原

　　C. 胆绿素　　　　　　　　　　D. 血红素

　　E. 胆汁酸

32. 阻塞性黄疸的病因是 （　　）

　　A. 大量红细胞被破坏　　　　　B. 肝细胞膜通透性增大

　　C. 肝细胞内胆红素代谢障碍　　D. 肝内外胆道阻塞

　　E. 以上都不对

33. 正常人粪便中主要色素是 （　　）

　　A. 粪胆素原　　　　　　　　　B. 胆红素

　　C. 胆绿素　　　　　　　　　　D. 胆素原

　　E. 粪胆素 DS

34. 溶血性黄疸的病因是 （　　）

　　A. 大量红细胞被破坏　　　　　B. 肝细胞膜通透性增大

　　C. 肝功能下降　　　　　　　　D. 肝内外胆道阻塞

　　E. 以上都不是

35. 肝细胞性黄疸的病因是 （　　）

　　A. 大量红细胞被破坏　　　　　B. 肝细胞被破坏

　　C. 排泄胆红素的能力增强　　　D. 摄取胆红素的能力增强

　　E. 以上都不是

36. 巴比妥药物降低血清未结合胆红素的浓度是由于 （　　）

　　A. 药物增加了它的水溶性,有利于游离胆红素从尿中排出

　　B. 诱导肝细胞内载体 Z-蛋白合成

　　C. 诱导 UDP 葡萄糖醛酸基转移酶的合成

　　D. 激活 Y 蛋白的合成

　　E. 与血浆清蛋白竞争结合

37. 胆红素进行生物转化的实质是增加其水溶性,与之结合的物质是 （　　）

　　A. Z 蛋白　　　　　　　　　　B. Y 蛋白

　　C. 葡萄糖醛酸　　　　　　　　D. 葡萄糖

　　E. 清蛋白

38. 胆色素不包括 （　　）

A. 胆红素 B. 胆绿素
C. 细胞色素 D. 胆素原
E. 胆素

39. 下列有关肝在维生素代谢的作用的描述,错误的是 （ ）
A. 肝是储存维生素的重要器官
B. 肝分泌胆汁酸为肝脂溶性维生素所必需
C. 脂肪吸收不良时肝脂溶性维生素储存量下降
D. 肝病的出血倾向与维生素 A 缺乏有关
E. 肝病的出血倾向与维生素 K 吸收减少有关

40. 下列关于胆素原的描述,错误的是 （ ）
A. 可以被肠黏膜重吸收 B. 没有颜色
C. 氧化后生成胆素 D. 在肝内由胆红素还原生成
E. 包括胆素原、粪胆素原和尿胆素原

41. 下列关于血浆胆红素的描述,错误的是 （ ）
A. 脂溶性有毒物 B. 正常多为结合胆红素
C. 正常多为未结合胆红素 D. 正常人血浆胆红素甚微
E. 未结合胆红素与清蛋白结合

42. 下列关于胆素的描述,错误的是 （ ）
A. 新生儿肠道细菌少,粪便呈现橘黄色
B. 尿胆素原是尿的主要色素
C. 粪胆素原是粪便的主要色素
D. 在肠道下段生成
E. 胆道完全梗阻时,粪便呈灰白色

43. 下列关于未结合胆红素的描述,错误的是 （ ）
A. 与清蛋白结合 B. 与葡萄糖醛酸结合
C. 不能随尿排出 D. 是间接反应胆红素
E. 与重氮试剂反应缓慢

44. 下列关于结合胆红素的描述,错误的是 （ ）
A. 直接胆红素
B. 肝胆红素
C. 重氮试剂反应呈直接阳性
D. 能通过细胞膜,对其有毒性作用
E. 能随尿排出

45. 导致尿胆红素原排泄减少的原因是 （ ）

A. 胆道梗阻 B. 溶血

C. 肠梗阻 D. 肝细胞性黄疸

E. 以上都不是

46. 结合胆红素是 ( )

A. 胆红素-清蛋白 B. 胆红素-Y 蛋白

C. 胆红素-Z 蛋白 D. 葡萄糖醛酸胆红素

E. 胆素原

47. 肠内细菌作用的产物是 ( )

A. 胆酸 B. 鹅去氧胆酸

C. 胆红素 D. 胆绿素

E. 胆素原

48. 阻塞性黄疸患者,血重氮试验为 ( )

A. 直接反应阳性 B. 直接反应阴性

C. 双向反应阳性 D. 双向反应阴性

E. 直接反应阳性,间接反应强阳性

49. 血液中胆红素的主要运输形式是 ( )

A. 胆红素-Y 蛋白 B. 胆红素-Z 蛋白

C. 胆红素-阴离子 D. 胆红素-清蛋白

E. 游离胆红素

50. 阻塞性黄疸患者,尿中主要的胆红素是 ( )

A. 胆红素-Y 蛋白 B. 胆红素-Z 蛋白

C. 结合胆红素 D. 胆红素-清蛋白

E. 游离胆红素

51. 对血红素的合成起反馈抑制作用的物质是 ( )

A. 血红蛋白 B. ALA

C. 线状四吡咯 D. 血红素

E. 尿卟啉原Ⅲ

52. ALA 合酶的辅酶是 ( )

A. 维生素 $B_{12}$ B. 维生素 $B_2$

C. 维生素 $B_6$ D. 维生素 PP

E. 生物素

53. 不与胆红素竞争结合清蛋白的物质是 ( )

A. 磺胺类 B. $NH_3$

C. 胆汁酸 D. 脂肪酸

E. 水杨酸

54. 未结合胆红素明显升高,尿胆红素阴性,尿、粪胆素原明显增多,出现黄疸的原因有可能是　　　　　　　　　　　　　　　　　　　　（　）
   A. 肝硬化　　　　　　　　　B. 胰头癌
   C. 急性溶血性黄疸　　　　　D. 急性肝炎
   E. 胆结石

55. 胆色素的产生、转运和排泄所经过的基本途径是　　　　　　　（　）
   A. 肝→血液→胆道→肠
   B. 血液→胆道→肝→肠
   C. 单核吞噬细胞→血液→肝→肠
   D. 单核吞噬细胞→肝→血液→肠
   E. 肝→单核吞噬细胞→血液→肠

56. 不能直接与重氮试剂反应,必须加入酒精或尿素后,才易反应产生紫红色偶氮化合物的胆红素是　　　　　　　　　　　　　　　　　　（　）
   A. 未结合胆红素　　　　　　B. 结合胆红素
   C. 直接胆红素　　　　　　　D. 肝胆红素
   E. 以上都不是

57. 下列有关"胆红素代谢"的描述,错误的是　　　　　　　　　（　）
   A. 游离胆红素于血液循环中形成胆红素白蛋白复合物运载到肝
   B. 游离胆红素与葡萄糖醛酸基相结合形成结合胆红素
   C. 衰老红细胞所释放的血红蛋白是胆红素的主要来源
   D. 结合胆红素大部分进入人体循环经肾排出
   E. 在肝窦内胆红素被肝细胞微突所摄取

### 三、填空题

1. 生物转化反应第一相反应包括_____、_____、_____反应,第二相反应是_____反应,其中以_____结合最常见。

2. 胆色素包括以下4种,即_____、_____、_____和_____,除_____外其余3种均有颜色。

3. 体内80%的胆红素来源于_____的分解,与清蛋白结合的胆红素称为_____胆红素,与重氮试剂起_____反应;与葡萄糖醛酸结合的胆红素称为_____胆红素,与重氮试剂起_____反应。

4. 根据胆红素的来源,可将黄疸分为3种类型,即_____、_____、_____。

# 第二部分 实验教程

# 第一章　生物化学实验基本要求

## 一、实验室规则

1. 实验前认真预习实验内容,熟悉本次实验的目的、基本原理、操作步骤和实验技能,写好实验预习报告。学习和了解各种安全信息。

2. 每个同学都应该自觉遵守课堂纪律,维护课堂秩序。不迟到,不早退;保持室内安静,不大声谈笑;积极参与一些服务性的工作。

3. 实验时要听从指导老师的指导,记下重点,严格认真地按操作规程进行实验,并注意与同组同学的配合。实验数据和现象应随时记录在专用的实验记录本上。实验结束时,实验记录必须送指导老师审阅后方可离开实验室。课后尽快完成实验报告并按时上交。

4. 精心爱护各种仪器。要随时保持仪器的清洁。如发生故障,应立即停止使用并报告指导老师;公用仪器、药品用后放回原处。使用仪器、药品、试剂和各种物品必须注意节约。不得用个人的吸管量取公用药品,多取的药品不得重新倒入原试剂瓶内。公用试剂瓶的瓶塞要随开随盖,不得混淆。

5. 实验过程中要保持台面、地面、水槽内及室内整洁。实验课本放在工作区附近,但不要放在工作区以内;清洁的器具和使用过的要分开放;实验完成后应将仪器洗净,置于实验柜中并排列整齐;如有损坏须说明原因,经老师同意后方可补领;实验完毕,必须清理地面。

6. 实验室内一切物品,未经本室负责教员批准,严禁携出室外,借物必须办理登记手续。交指导老师保存的样品、药品及其他物品应加盖,并标注自己的姓名、班级、日期及内容物。

7. 每次实验课由班长或课代表负责安排值日生。值日生的职责是负责当天实验室的卫生、安全工作,并收集同学对单次实验内容和安排不合理地方的意见和建议。

8. 实验过程中要高度重视保护实验室人身健康和安全,保护周围环境。不准在实验室进食和饮水,实验室内严禁吸烟;含强酸、强碱及有毒废液应倒入废液缸;书包及实验不需要的物品放在规定处;离开实验室前应该检查水、电、煤气是否关严。

## 二、实验记录及实验报告

1. 实验记录。详细、准确、如实地做好实验记录是极为重要的。记录如果有误,整个实验就没有意义。这是实验能力培养、严谨科学作风和良好习惯养成的一个重要方面。

(1) 每位同学都必须准备一本实验记录本,实验前认真预习实验,看懂实验原理和操作方法,在记录本上写好实验预习报告,包括详细的实验操作步骤(可以用流程图表示)和数据记录表格等。

(2) 实验记录要用永久性墨水书写,记录本上要有编号和页码,不得撕缺和涂改,写错时可以划去重写。同组同学合做同一实验时,每人都必须有完整的记录。

(3) 实验条件下观察到的现象应仔细地记录下来,实验中观测的每个结果和数据都应及时如实地直接记在记录本上,原始记录必须准确、简练、详尽、清楚。实验记录必须公正客观,不可夹杂主观因素。

(4) 实验中要记录的各种数据,都应事先在记录本上设计好各种记录格式和表格,以免实验中由于忙乱而遗漏测量和记录,造成不可挽回的损失。

(5) 实验记录要注意有效数字。每个结果都要尽可能重复观察两次以上,即使观测到的数据相同或偏差很大,也都应如实记录,不得涂改。

(6) 实验中要详细记录实验条件,如使用的仪器型号、编号、生产厂家等;生物材料的来源、形态特征、健康状况、选用组织及其重量等;试剂的规格、化学式、分子质量、试剂的浓度等都应记录清楚。

(7) 如果发现记录的结果有怀疑、遗漏、丢失等,都必须重做实验。

2. 实验报告。实验报告是实验的总结和汇报,通过实验报告的写作可以分析总结实验的经验和问题,学会处理各种实验数据的方法,加深对实验原理和实验技术的理解和掌握,同时也是学习撰写科学研究论文的过程。实验结束后,应及时整理和总结实验结果,写出实验报告。

实验报告的格式应为:①实验目的;②实验原理;③主要仪器及试剂配制;④实验步骤;⑤数据处理;⑥结果与讨论。

定性实验报告中的实验名称和目的要求是针对该次实验课的全部内容而必须达到的目的和要求。在完成实验报告时,可以按照实验内容分别写原理、操作方法、结果与讨论等。原理部分应简述基本原理。操作方法(或步骤)可以用流程简图的方式或自行设计的表格来表示。结果与讨论包括实验结果及观察现象的小结、对实验中遇到的问题和思考题进行探讨以及对实验的改进意见等。

定量实验报告中,目的和要求、原理以及操作方法部分应简单扼要地叙述,但是对于实验条件(试剂配制及仪器)和操作的关键环节必须写清楚。对于实验结果部分,应根据实验课的要求将一定实验条件下获得的实验结果和数据进行整理、归纳、分析和对比,并尽量总结成各种图表,如原始数据及其表格的处理、标准曲线图以及比较实验组与对照组实验结果的图表等。另外,还应针对实验结果进行必要的说明和分析。讨论部分可以包括关于实验方法(或操作技术)和有关实验的一些问题,如实验的正常结果和异常。

实验报告使用的语言要简明清楚,抓住关键,各种实验数据要一目了然。实验结果的讨论要充分,尽可能地查阅一些有关的文献和教科书,充分运用已学过的知识和生物化学原理,进行深入探讨,勇于提出自己独到的分析和见解,并对实验提出改进意见。

# 第二章　生物化学实验基本操作

## 一、玻璃仪器的洗涤

在生化实验中,玻璃仪器洁净是获得准确结果的重要环节。洁净的玻璃仪器内壁应十分明亮光洁,无水珠附着在玻璃壁上。

1. 一般仪器,如烧杯、试管等,可用毛刷蘸肥皂液、合成洗涤剂仔细刷洗。然后用自来水反复冲洗,最后用少量蒸馏水冲洗2~3次,倒置在器皿架上晾干或置于烘箱烤干备用。

2. 容量分析仪器,如吸量管、容量瓶、滴定管等,不能用毛刷刷洗。用后应及时用自来水多次冲洗,细心检查洁净程度,根据挂不挂水珠采取不同处理方法。如不挂水珠,用蒸馏水冲洗、干燥,方法同上;如挂水珠,则应沥干后用重铬酸钾洗液浸泡4~6 h,然后按上法顺序操作,即先用自来水冲洗,再用蒸馏水冲洗,最后干燥。

3. 粘附有血浆的刻度吸量管等,有3种洗涤方法:①先用45%尿素溶液浸泡,使血浆蛋白溶解,然后用自来水冲洗;②也可用1%氨水浸泡,使血浆溶解,然后再依次用1%稀盐酸溶液、自来水冲洗;③以上两种方法如达不到清洁要求,可浸泡于重铬酸钾洗液4~6 h,再用大量自来水冲洗,最后用蒸馏水冲洗2~3次。

4. 新购置的玻璃仪器,应先置于1%~2%稀盐酸溶液中浸泡2~6 h,除去附着的游离碱,再用自来水冲洗干净,最后用蒸馏水冲洗2~3次。

5. 凡用过的玻璃仪器,均应立即洗涤,久置干涸后洗涤十分困难。如不能及时洗涤,先用流水初步冲洗,再浸泡在清水中,后面按常规处理。

## 二、吸量管的使用

吸量管和定量吸(移)液器(微量加样器)均为用来转移一定体积溶液的量器。

### (一)吸量管

生化实验中常用的有3种,最常用的是刻度吸量管。
1. 刻度吸量管。

(1)刻度吸量管的种类:

①按容量规格来分,有 0.1 mL、0.2 mL、0.25 mL、0.5 mL、1 mL、2 mL、5 mL、10 mL 等数种。其精密度按不同的容积可达移取量的 0.1%～1%。通常将管身标明的总容量分刻为 100 等分。因此,10 mL 的吸量管一格代表 0.1 mL;1 mL 的吸量管一格代表 0.01 mL,其余类推。

②按"0"点位置来分,有"0"点在吸量管上端的(即读数从上而下逐渐增大),也有"0"点在吸量管下端的(读数从下而上逐渐增大)。两种标示方法在使用时各有方便之处。

③按刻度方法来分,刻度吸量管也有两种,一种是刻度刻到尖端的,将液体放出时,应吹出残留在吸量管尖端的少量液体;另一种是刻度不刻到尖端的。

(2)刻度吸量管的正确使用方法:用右手拇指和中指夹住管身,将吸量管的尖端伸入试液深处,左手持洗耳球把试液吸入管内至高过刻度以上时,迅速用右手食指按住吸量管的上口,以控制试液的泄放。吸液后应尽量使吸量管保持垂直,使右眼与刻度等高,稍微轻抬食指或轻轻转动吸量管,使试液面缓慢降落,至管内试液弯月面的最低点与吸量管的刻度线相齐为止。然后将吸量管插到需加试剂的容器中,让尖端与容器内壁靠紧,松开食指让液体流出。液体流完后再等 15 秒钟,捻动一下吸量管后移去(如需吹的吸量管,则吹出尖端的液体后再捻转一下吸量管移去)。

(3)使用刻度吸量管的注意事项:

①选择适当规格的吸量管:吸量管的最大容积应等于或略大于所需容积(毫升数)。

②仔细看清吸量管的刻度情况:刻度是否包括吸量管尖端的液体?读数方向是从上而下,还是从下而上?

③拿吸量管时,刻度一定要面向自己,以便读数。

④吸取试剂时应注意三点:一是先吹去吸量管内可能存在的残留液体;二是将吸量管插入试剂液面深部(以免吸液过程中因液面降低而吸入空气产生气泡或管内试剂进入洗耳球);三是使用洗耳球(不可直接用口吸)。

⑤按吸量管上口时应该用食指,不能用拇指。

⑥吸取黏滞性大的液体(如血液、血浆、血清等)时,除选用合适的吸管(奥氏吸量管)外,还应注意拭净管尖附着的液体,尽量减慢放液速度(用食指压力控制),待液体流尽后吹出管尖残留的最后一滴液体。

⑦使用的吸量管应干净、干燥无水。如急用而又有水时,可用少量欲取试剂冲洗 3 次,以免试剂被稀释。

2.移液吸量管。移液吸量管也有两种,常见的一种是吸量管的上端只有一个刻度,另一种是除了在吸量管上端有刻度外,在吸量管下端狭窄处也有一刻度线。无论哪一种,在使用时将量取的液体放出后,只需将吸量管的尖端触及容器壁约半分钟即可,不得吹出尖端的液体。

3.奥氏吸量管。准确度最高,使用时必须吹出留在尖端的液体。

### (二)定量吸(移)液器(微量加样器)

定量吸液器是吸量管的革新产品,由塑料制成。目前,因产地、厂家不同,其质量、价格差异悬殊。

1.定量吸液器的优点。使用方便,取加样迅速,计量准确,不易破损,能吸取多种样品(只换吸嘴即可)。

2.定量吸液器的类型。

(1)固定式:只能取加一定容量的试剂,不能随意调节取加样量。其规格有 $10~\mu L$、$20~\mu L$、$25~\mu L$、$30~\mu L$、$50~\mu L$、$100~\mu L$、$200~\mu L$、$250~\mu L$、$300~\mu L$、$400~\mu L$、$500~\mu L$、$1~000~\mu L$ 等。

(2)可调式:在一定容量范围内可根据需要调节取加样量。例如规格为 $50\sim200~\mu L$ 的可调式定量吸液器,可以在 $50~\mu L$ 到 $200~\mu L$ 的范围内根据需要调节成设计容许的各种取加样容量($60~\mu L$、$85~\mu L$、$110~\mu L$、$170~\mu L$、$200~\mu L$ 等)。

一般来讲,固定式吸液器比较准确,可调式吸液器使用较为方便。

3.定量吸液器的使用方法。

(1)选择适当的吸液器。吸液前先把吸嘴套在吸引管上,套上后要轻轻旋紧一下,以保证结合严密。

(2)持法。右手四指(除大拇指外)并拢握住吸液器外壳(使外壳突起部分搭在食指近端),大拇指轻轻放在吸液器的按钮上。

(3)取样(吸液)。用大拇指按下按钮到第一停止点,以排出一定容量的空气,随后把吸嘴尖浸入取样液内,徐徐松开大拇指,让按钮慢慢自行复原,取样即告完成。

(4)排液。将吸液器的吸嘴尖置于加样容器壁上,用大拇指慢慢地将按钮按下到第一停止点,停留 1 s(黏性较高的溶液停留时间应适当延长)。然后再把按钮按到第二停止点上,让吸嘴沿管壁向上滑动。当吸嘴尖与容器壁或溶液离开时,方可释放按钮,使其恢复到初始位置。

(5)吸液器用后应及时取下吸嘴。将吸嘴用自来水冲洗后浸入盛水的容器内(以防干涸),待实验结束后集中仔细清洗。

## 三、溶液的混匀

1.混匀的目的。

(1)使反应体系内的各种物质分子很好地互相接触,充分进行反应。

(2)使欲稀释的溶液成为浓度均一的溶液。

2.混匀的方法通常有以下几种。

(1)使盛器做离心运动。

(2)左手持试管上端,用右手指轻击试管下半部,使管内溶液做旋转运动。

(3)利用旋涡混合(振荡)器混匀。

(4)必要时可用干燥清洁的玻璃棒搅匀。

3.混匀的注意事项。

(1)防止盛器内的液体溅出或被污染。

(2)严禁用手指堵塞管口或瓶口振荡混匀。

## 四、离心机的使用

离心法是分离沉淀的一种方法。它是利用离心机转动产生的离心力,使比重较大的物质沉积在管底,以达到与液体分离的目的。因液体在沉淀的上部,故称清亮的液体部分为上清液。

电动离心机的使用方法:

(1)将欲离心的液体置于离心管或小试管内,并检查离心管或小试管的大小是否与离心机的套管相匹配。

(2)取出离心机的全部套管,并检查套管底部是否铺有软垫,有无玻璃碎片或漏孔(有玻璃碎片必须取出,漏孔应该用蜡封住)。检查合格后,将盛有离心液的两个试管分别放入套管中,然后连套管一起分置于粗天平的两侧,通过往离心管与套管之间滴加水来调节两边的重量使之达到平衡。

(3)将已平衡的两只装有离心管的套管,分别放入离心机相互对应的两插孔内。盖上离心机盖,打开电源开关。逐挡扭动旋钮,缓慢增加离心机转速,直至所需数值。达到离心所需时间后,将转速旋钮逐步回零,关闭电源,让离心机自然停止转动后(不可人为制动),取出离心管。

## 五、721 可见分光光度计使用方法

1.开机预热。仪器在使用前应预热 20 min。

2.波长调整。转动波长旋钮,并观察波长显示窗,调整至需要的测试波长。

注意事项:转动测试波长调 100%T/0A 后,以稳定 5 min 后进行测试为好(符合行业标准及质监局检定规程要求)。

3.设置测试模式。按动"功能键",便可切换测试模式。开机默认的测试方式为吸光度方式。

4. 比色皿配对性。仪器所附的比色皿是经过配对测试的,未经配对处理的比色皿将影响样品的测试精度。石英比色皿一套 2 只,供紫外光谱区使用,置入样品架时,2 只石英比色皿上标记 Q 或箭头方向要一致。玻璃比色皿一套 4 只,供可见光谱区使用。

石英比色皿和玻璃比色皿不能混用,更不能和其他不经配对的比色皿混用。用手拿比色皿时应拿比色皿的磨砂表面,不应该接触比色皿的透光面,即透光面上不能有手印或溶液痕迹,待测溶液中不能有气泡、悬浮物,否则也将影响样品的测试精度。比色皿在使用完毕后应立即清洗干净。

5. 调 T 零（0％T）。在 T 模式时,将遮光体置入样品架,合上样品室盖,并拉动样品架拉杆使其进入光路。然后按动"调 0％T"键,显示器上显示"00.0"或"－00.0",便完成调 T 零,完成调 T 零后,取出遮光体。

注意事项:测试模式应在透射比(T)模式;如果未置入遮光体就合上样品室盖,并使其进入光路,则无法完成调 T 零;调 T 零时不要打开样品室盖、推拉样品架;调 T 零后(未取出遮光体),如切换至吸光度测试模式,显示器上显示为".EL",均需按动"调 0％T"键。

6. 调 100％T/0A。此参比样品置入样品架,并推拉样品架拉杆使其进入光路。然后按动"调 100％T"键,此时屏幕显示"BL",延时数秒便显示"100.0"(在 T 模式时)或"－.000"(在 A 模式时),即自动完成调 100％T/0A。

注意事项:调 100％T/0A 时不要打开样品室盖、推拉样品架。

7. 吸光度测试。

(1)按动"功能键",切换至透射比测试模式。

(2)调整测试波长。

(3)置入遮光体,合上样品室,并使其进入光路,按动"调 0％T"键调 T 零,此时仪器显示"00.0"或"－00.0"。完成调 T 零后,取出遮光体。

(4)按动"功能键",切换至吸光度测试模式。

(5)置入参比样品,按动"调 100％T"键,此时仪器显示"BL",延时数秒后便显示"－.000"或".000"。

(6)置入待测样品,读取测试数据。

8. 透射比测试。

(1)按动"功能键",切换至透射比测试模式。

(2)调整测试波长。

(3)置入遮光体,合上样品室盖,并使其进入光路,按动"调 0％T"键调 T 零,此时仪器显示"00.0"或"－00.0"。完成调 T 零后,取出遮光体。

(4)置入参比样品,按动"调 100％T"键,此时仪器显示"BL",延时数秒后便显示"100.0"。

(5)置入待测样品,读取测试数据。

9. 浓度测试。

(1)按动"功能键",切换至透射比测试模式。

(2)调整测试波长。

(3)置入遮光体,合上样品室盖,并使其进入光路,按动"调 0%T"键调 T 零,此时仪器显示"00.0"或"-00.0"。完成调 T 零后,取出遮光体。

(4)置入参比样品,按动"调 100.0%T"键,此时仪器显示"BL",延时数秒后便显示"100.0"。

(5)置入标准浓度样品,并使其进入光路。

(6)按动"功能键"切换至浓度测试模式。

(7)按动参比设置键("▲"或"▼"),设置标准样品浓度,并按动"确认"键。

(8)置入待测样品,读取测试数据。

10. 斜率测试。

(1)按动"功能键",切换到透射比测试模式。

(2)调整测试波长。

(3)置入遮光体,合上样品室盖,并使其进入光路,按动"调 0%T"键调 T 零,此时仪器显示"00.0"或"-00.0"。完成调 T 零后,取出遮光体。

(4)置入参比样品,按动"调 100.0%T"键,此时仪器显示"BL",延时数秒后便显示"100.0"。

(5)按动"功能键"切换至斜率测试模式。

(6)按动参数设置键("▲"或"▼"),设置样品斜率。

(7)置入待测样品,并按动"确认"键(此时测试模式自动切换至浓度方式)读取测试数据。

注意事项:浓度显示范围为 0~1999,即输入标样的 K 值($C_{标样}/A_{标样}$)应控制在 0~1999 范围之内。

# 第三章 蛋白质类测定

## 实验 1 蛋白质两性电离和等电点测定

### 实验目的

1. 了解蛋白质两性电离与等电点的测定原理。
2. 熟悉蛋白质两性电离与等电点测定的操作方法。
3. 培养学生严谨的作风和准确地进行实际操作的能力,提高分析问题的能力。

### 实验原理

蛋白质是两性电解质,其电离过程取决于溶液的 pH。若当溶液 pH 大于蛋白质的 p$I$ 时,蛋白质带负电荷,不易沉淀。反之,当溶液 pH 小于蛋白质的 p$I$ 时,蛋白质带正电荷,也不易沉淀。当溶液处于某一 pH 时,蛋白质所带的正、负电荷数量相等,净电荷为零,呈兼性离子状态,此时溶液的 pH 称为这种蛋白质的等电点(p$I$);这时的蛋白质在电场中既不向负极移动,也不向正极移动,溶解度最低,容易析出。所以当溶液 pH 等于 p$I$ 时,沉淀最多。

### 实验试剂

1. 5 g/L 酪蛋白醋酸钠溶液。称取纯酪蛋白 0.5 g,加蒸馏水 40 mL 及 1.00 mol/L 氢氧化钠溶液 10.0 mL,振摇使酪蛋白溶解,然后加入 1.00 mol/L 醋酸溶液 10.0 mL,混匀后倒入 100 mL 容量瓶中,用蒸馏水稀释至刻度,混匀。

2. 0.1 g/L 溴甲酚绿指示剂。该指示剂的变色范围为 pH 3.8~5.4。酸色型为黄色,碱色型为蓝色。

3. 0.02 mol/L 盐酸溶液。

4. 0.02 mol/L 氢氧化钠溶液。

5. 1.00 mol/L 醋酸溶液。

6. 0.1 mol/L 醋酸溶液。

7. 0.01 mol/L 醋酸溶液。

### 实验器材

试管、试管架、吸量管、100 mL 容量瓶、滴管、烧杯、电炉、pH 试纸、洗耳球、记号笔等。

### 实验操作

#### 一、蛋白质两性电离实验

1. 取试管 1 支,加入 5 g/L 酪蛋白醋酸钠溶液 0.3 mL,0.1 g/L 溴甲酚绿指示剂 1 滴,混匀,观察溶液呈现的颜色。

2. 用胶头滴管缓慢滴加 0.02 mol/L 盐酸溶液,随滴随摇,直到有明显的大量沉淀发生。观察溶液颜色的变化。

3. 继续滴入 0.02 mol/L 盐酸溶液,观察沉淀与溶液颜色的变化。

4. 滴入 0.02 mol/L 氢氧化钠溶液,随滴随摇,使之再度出现明显的大量沉淀,继续滴入 0.02 mol/L 氢氧化钠溶液,沉淀又溶解,观察溶液颜色的变化。

#### 二、酪蛋白等电点的测定

1. 取试管 5 支,按表 3-1 操作。

表 3-1　酪蛋白等电点测定操作

| 加入物(mL) | 1 | 2 | 3 | 4 | 5 |
| --- | --- | --- | --- | --- | --- |
| 蒸馏水 | 1.6 | — | 3.0 | 1.5 | 3.38 |
| 1.00 mol/L 醋酸溶液 | 2.4 | — | — | — | — |
| 0.10 mol/L 醋酸溶液 | — | 4.0 | 1.0 | — | — |
| 0.01 mol/L 醋酸溶液 | — | — | — | 2.5 | 0.62 |
| 5 g/L 酪蛋白醋酸钠溶液 | 1.0 | 1.0 | 1.0 | 1.0 | 1.0 |
| 溶液最终的 pH | 3.2 | 4.1 | 4.7 | 5.3 | 5.9 |

2. 静置 20 min,观察各管沉淀出现的情况。并以"-""+""++""+++"记录沉淀多少。

### 注意事项

1. 各试管滴加加入物时要均匀。

2. 使用酸碱时注意勿灼伤,如不慎沾到皮肤上,应迅速用清水冲洗。

> 思考题

1. 讨论蛋白质两性电离实验中沉淀产生及消失的原因。
2. 酪蛋白的等电点是多少？为什么？
3. 为什么在等电点时蛋白质的溶解度最低？

## 实验2　蛋白质与氨基酸的呈色反应

> 实验目的

1. 了解蛋白质的基本结构单位及主要连接方式。
2. 了解蛋白质和某些氨基酸的呈色反应原理。
3. 学习常用的鉴定蛋白质和氨基酸的方法。

### 实验(1)　双缩脲反应

> 实验原理

将尿素加热至180℃左右，生成双缩脲并放出一分子氨。双缩脲在碱性环境中能与$Cu^{2+}$结合生成紫红色化合物，此反应称为双缩脲反应。蛋白质分子中有肽键，其结构与双缩脲相似，也能发生此反应。双缩脲反应可用于蛋白质的定性或定量测定。

因此，一切蛋白质或二肽以上的多肽都有双缩脲反应，但有双缩脲反应的物质不一定都是蛋白质或多肽。

> 实验试剂

尿素；10%氢氧化钠溶液；1%硫酸铜溶液；2%卵清蛋白溶液。

> 实验操作

取少量尿素结晶，放在干燥试管中。用微火加热使尿素熔化。熔化的尿素开始硬化时，停止加热，尿素放出氨，形成双缩脲。冷却后，加10%氢氧化钠溶液约1 mL，振荡混匀，再加1%硫酸铜溶液1滴，再振荡。观察出现的粉红颜色。要避免添加过量硫酸铜，否则，生成的蓝色氢氧化铜能掩盖粉红色。

向另一支试管加卵清蛋白溶液约 1 mL 和 10% 氢氧化钠溶液约 2 mL，摇匀，再加 1% 硫酸铜溶液 2 滴，随加随摇。观察紫玫瑰色的出现。

## 实验(2) 茚三酮反应

### 实验原理

除脯氨酸、羟脯氨酸和茚三酮反应产生黄色物质外，所有 $\alpha$-氨基酸及一切蛋白质都能和茚三酮反应生成蓝紫色物质。

$\beta$-丙氨酸、氨和许多一级胺都呈阳性反应。尿素、马尿酸、二酮吡嗪和肽键上的亚氨基不呈现此反应。因此，虽然蛋白质和氨基酸均有茚三酮反应，但能与茚三酮呈阳性反应的不一定就是蛋白质或氨基酸。在定性、定量测定中，应严防干扰物存在。

### 实验试剂

蛋白质溶液；2% 卵清蛋白或新鲜鸡蛋清溶液（鸡蛋清：水＝1∶9）；0.5% 甘氨酸溶液；0.1% 茚三酮水溶液；0.1% 茚三酮-乙醇溶液。

### 实验操作

1. 取 2 支试管，分别加入蛋白质溶液和甘氨酸溶液 1 mL，再各加 0.5 mL 0.1% 茚三酮水溶液，混匀，在沸水浴中加热 1～2 分钟，观察颜色由粉色变紫红色再变蓝。

2. 在一小块滤纸上滴 1 滴 0.5% 甘氨酸溶液，风干后，再在原处滴 1 滴 0.1% 茚三酮-乙醇溶液，在微火旁烘干显色，观察紫红色斑点的出现。

## 实验(3) 黄色反应

### 实验原理

含有苯环结构的氨基酸，如酪氨酸和色氨酸，遇硝酸后，可被硝化成黄色物质，该化合物在碱性溶液中进一步形成橙黄色的硝醌酸钠。

由于多数蛋白质分子含有带苯环的氨基酸，因此有黄色反应，苯丙氨酸不易硝化，需加入少量浓硫酸才有黄色反应。

### 实验材料与试剂

鸡蛋清溶液、大豆提取液、头发、指甲、0.5%苯酚溶液、浓硝酸、0.3%色氨酸溶液、0.3%酪氨酸溶液、10%氢氧化钠溶液。

### 实验操作

向 7 支试管中分别按表 3-2 加入试剂，观察各试管出现的现象。若有的试管反应慢，可略放置一段时间或用微火加热。待各试管出现黄色后，于室温下逐滴加入 10%氢氧化钠溶液至碱性，观察颜色变化。

表 3-2　黄色反应的操作步骤（单位：滴）

| 试剂＼管号 | 1 | 2 | 3 | 4 | 5 | 6 | 7 |
| --- | --- | --- | --- | --- | --- | --- | --- |
| 材料 | 鸡蛋清溶液 | 大豆提取液 | 指甲 | 头发 | 0.5%苯酚 | 0.3%色氨酸 | 0.3%酪氨酸 |
| 浓硝酸 | 4 | 4 | 少许 | 少许 | 4 | 4 | 4 |
|  | 2 | 4 | 40 | 40 | 4 | 4 | 4 |

## 实验(4)　考马斯亮蓝反应

### 实验原理

考马斯亮蓝 G250 具有红色和蓝色两种色调。在酸性溶液中，其以游离态存在，呈棕红色；当它与蛋白质通过疏水作用结合后，则变为蓝色。

考马斯亮蓝 G250 的染色灵敏度高，比氨基黑高 3 倍，反应速度快，约在 2 分钟内达到平衡，在室温下 1 h 内稳定；在 0.01～1.0 mg 蛋白质范围内，蛋白质浓度与 $A_{595\,nm}$ 值成正比，所以常用来测定蛋白质含量。

### 实验材料与试剂

蛋白质溶液（鸡蛋清：水＝1:20）；考马斯亮蓝染液。

### 实验操作

取 2 支试管，按表 3-3 要求进行操作。

表 3-3　考马斯亮蓝反应的操作步骤（单位：mL）

| 试剂＼管号 | 蛋白质溶液 | 蒸馏水 | 考马斯亮蓝溶液 |
| --- | --- | --- | --- |
| 1 | 0 | 1 | 5 |
| 2 | 0.1 | 0.9 | 5 |

### 注意事项

1. 在双缩脲反应实验中,要注意硫酸铜的用量,避免添加过量的硫酸铜,否则,生成的蓝色氢氧化铜能掩盖粉红色。

2. 在黄色反应实验中,对反应速度慢的试剂,可通过放置一段时间或微火加热来加快速度。

### 思考题

如果有一种蛋白质或氨基酸需要鉴定,你可以想到几种方法?它们的原理是什么?各种方法之间有何区别与联系?

## 实验3 蛋白质变性与沉淀

### 实验目的

1. 了解蛋白的沉淀反应、变性作用和凝固作用的原理及它们之间的相互关系。
2. 学习盐析等生物化学操作技术。

### 实验原理

蛋白质分子在水溶液中,由于其表面形成了水化层和双电层而成为稳定的胶体颗粒,因此蛋白质溶液和其他亲水胶体溶液相似。但是,在一定的物理化学因素影响下,蛋白质胶体颗粒的稳定条件被破坏,如失去电荷、脱水,甚至变性,而以固态形式从溶液中析出,这个过程称为蛋白质的沉淀反应。这种反应可分为可逆沉淀反应和不可逆沉淀反应两种类型。

可逆沉淀反应:蛋白质虽已沉淀析出,但它的分子内部结构并未发生显著变化,如果把引起沉淀的因素去除后,沉淀的蛋白质能重新溶于原来的溶剂中,并保持其原有的天然结构和性质。利用蛋白质的盐析作用和等电点作用,以及在低温下,乙醇、丙酮短时间对蛋白质的作用等所产生的蛋白质沉淀,都属于这一类沉淀反应。

不可逆沉淀反应:蛋白质发生沉淀时,其分子内部结构空间构象遭到破坏,蛋白质分子由规则性的结构变为无秩序的伸展肽链,使原有的天然性质丧失,这时蛋白质已发生变性。这种变性蛋白质的沉淀已不能再溶解于原来溶剂中。

引起蛋白质变性的因素有重金属盐、植物碱试剂、强酸、强碱、有机溶剂等化学因素,以及加热、振荡、超声波、紫外线、X射线等物理因素。它们都能因破坏了蛋白质的氢键、离子键等次级键而使蛋白质发生不可逆沉淀反应。

天然蛋白质变性后,变性蛋白质分子互相凝聚或互相穿插缠绕在一起的现象称为蛋白质的凝固。凝固作用分两个阶段:首先是变性,其次是失去规律性的肽链聚集缠绕在一起而凝固或结絮。几乎所有的蛋白质都会因加热变性而凝固,变成不可逆的不溶状态。

## ▶ 实验试剂

1. 蛋白质溶液:取 5 mL 鸡蛋清或鸭蛋清,用蒸馏水稀释至 100 mL,搅拌均匀后用 4~8 层纱布过滤,新鲜配制。

2. 蛋白质氯化钠溶液:取 20 mL 蛋清,加蒸馏水 200 mL 和饱和氯化钠溶液 100 mL,充分搅匀后,以纱布滤去不溶物(加入氯化钠的目的是溶解球蛋白)。

(3) 其他试剂:硫酸铵粉末、饱和硫酸铵溶液、0.5%乙酸铅溶液、10%三氯乙酸溶液、浓盐酸、浓硫酸、浓硝酸、0.1%硫酸铜溶液、饱和硫酸铜溶液、0.1%乙酸溶液、10%乙酸溶液、饱和氯化钠溶液、10%氢氧化钠溶液、95%乙醇。

## ▶ 实验器材

试管、试管架、小玻璃漏斗、滤纸、玻璃棒、烧杯、量筒、100 ℃恒温水浴箱。

## ▶ 实验操作

1. 蛋白质的盐析作用。用大量中性盐使蛋白质从溶液中沉淀析出的过程称为蛋白质的盐析作用。蛋白质是亲水胶体,蛋白质溶液在高浓度中性盐的影响下,蛋白质分子被中性盐脱去水化层,同时所带的电荷被中和,结果蛋白质的胶体稳定性遭到破坏而沉淀析出。析出的蛋白质仍保持其天然性质,当降低盐的浓度时,还能溶解。因此,蛋白质的盐析作用是可逆过程。

沉淀不同的蛋白质所需中性盐的浓度不同;而沉淀相同的蛋白质,因使用的中性盐类不同,所需的盐浓度也有差异。例如,向含有清蛋白和球蛋白的鸡蛋清溶液中加硫酸镁或氯化钠至饱和,则球蛋白沉淀析出;加硫酸铵至饱和,则清蛋白沉淀析出。另外,在等电点时,清蛋白可被饱和硫酸镁或氯化钠或半饱和的硫酸铵溶液沉淀析出。所以在不同条件下,用不同浓度的盐类可将各种蛋白质从混合溶液中分别沉淀析出,该方法称为蛋白质的分级盐析,在提纯蛋白质时常被应用。

取 1 支试管,加入 3 mL 蛋白质氯化钠溶液和 3 mL 饱和硫酸铵溶液,混匀,静置约 10 min,则球蛋白沉淀析出,过滤后向滤液中加入硫酸铵粉末,边加边用玻璃棒搅拌,直至粉末不再溶解,达到饱和为止,此时析出的沉淀为清蛋白。静置,倒去上清液,取出部分清蛋白沉淀,加水稀释,观察它是否溶解。

2.重金属盐沉淀蛋白质。重金属盐类易与蛋白质结合成稳定的沉淀而析出。蛋白质在水溶液中是酸碱两性电解质,在碱性溶液中(对蛋白质的等电点而言),蛋白质分子带负电荷,能与带正电荷的金属离子结合成蛋白质盐。当加入汞、铅、铜、银等重金属的盐时,蛋白质形成不溶性的盐类而沉淀,并且这种蛋白质沉淀不再溶解于水中,说明它已发生了变性。

重金属盐类沉淀蛋白质的反应通常很完全,因此在生化分析中,常用重金属盐除去体液中的蛋白质;在临床上用蛋白质解除重金属盐的食物性中毒。但应注意,使用乙酸铅或硫酸铜沉淀蛋白质时,试剂不可加过量,否则可使沉淀出的蛋白质重新溶解。

取 3 支试管,各加入约 1 mL 蛋白质溶液,分别加入 0.5%乙酸铅溶液 1～3 滴和 0.1%硫酸铜溶液 3～4 滴,观察沉淀的生成。向第 1、2 支试管再分别加入过量的乙酸铅溶液和饱和硫酸铜溶液,观察沉淀的再溶解。

3.无机酸沉淀蛋白质。浓无机酸(磷酸除外)都能使蛋白质发生不可逆沉淀反应。这种沉淀作用可能是蛋白质颗粒脱水的结果。过量的无机酸(硝酸除外)可使沉淀出的蛋白质重新溶解。临床诊断上,常利用硝酸沉淀蛋白质的反应检查尿中蛋白质的存在。

取 3 支试管,分别加入浓盐酸 15 滴,浓硫酸、浓硝酸各 10 滴。小心地沿管壁向 3 支试管中加入蛋白质溶液 6 滴,不要摇动,观察各管内两液面处有白色环状蛋白质沉淀出现。然后,摇动每个试管,蛋白质沉淀应在过量的盐酸及硫酸中溶解。在含硝酸的试管中,虽经振荡,蛋白质沉淀也不溶解。

4.有机酸沉淀蛋白质。有机酸能沉淀蛋白质。在酸性溶液中(对蛋白质的等电点而言),蛋白质分子带正电荷,能与带负电荷的酸根结合,生成不溶性蛋白质盐复合物而沉淀。三氯乙酸和磺基水杨酸是沉淀蛋白质最有效的两种有机酸。

取 1 支试管,加入蛋白质溶液约 0.5 mL,然后滴加 10%三氯乙酸溶液数滴,观察蛋白质的沉淀。

5.有机溶剂沉淀蛋白质。乙醇和丙酮都是脱水剂,它们能破坏蛋白质胶体颗粒的水化层,而使蛋白质沉淀。低温时,用乙醇(或丙酮)短时间对蛋白质的作用,还可保持蛋白质原有的生物活性;但用乙醇进行较长时间的脱水可使蛋白质变性沉淀。

取 1 支试管，加入蛋白质氯化钠溶液 1 mL，再加入 95% 乙醇 2 mL 并混匀，观察蛋白质的沉淀。

6. 加热沉淀蛋白质。蛋白质可因加热变性沉淀而凝固，然而盐浓度和氢离子浓度对蛋白质加热凝固有着重要影响。少量盐类能促进蛋白质的加热凝固；当蛋白质溶液的 pH 等于蛋白质的等电点时，加热凝固最完全、最迅速；在酸性或碱性溶液中，蛋白质分子带有正电荷或负电荷，虽加热蛋白质也不会凝固；若同时有足量的中性盐存在，则蛋白质可因加热而凝固。

取 5 支试管，编号，按表 3-4 加入有关试剂。

表 3-4　加热沉淀蛋白质操作信息表（单位：滴）

| 管号＼试剂 | 蛋白质溶液 | 0.1%乙酸溶液 | 10%乙酸溶液 | 饱和氯化钠溶液 | 10%氢氧化钠溶液 | 蒸馏水 |
|---|---|---|---|---|---|---|
| 1 | 10 | — | — | — | — | 7 |
| 2 | 10 | 5 | — | — | — | 2 |
| 3 | 10 | — | 5 | — | — | 2 |
| 4 | 10 | — | 5 | 2 | — | — |
| 5 | 10 | — | — | — | 2 | 5 |

将各管混匀，观察、记录各管现象后，放入 100 ℃ 恒温水浴中保温 10 min。注意观察、比较各管的沉淀情况。然后，将第 3、4、5 号管分别用 10% 氢氧化钠溶液或 10% 乙酸溶液中和，观察并解释实验结果。

将第 3、4、5 号管继续分别加入过量的酸或碱，观察它们发生的现象。然后，用过量的酸或碱中和第 3、5 号管，100 ℃ 水浴保温 10 min，观察沉淀变化。检查这种沉淀是否溶于过量的酸或碱中，并解释实验结果。

### 思考题

1. 在蛋白质可逆沉淀反应实验中，为何要用蛋白质氯化钠溶液？
2. 高浓度的硫酸铵对蛋白质溶解度有何影响？为什么？
3. 蛋白质分子中的哪些基团可以与重金属离子作用而使蛋白质沉淀？
4. 鸡蛋清为什么可用作铅中毒或汞中毒的解毒剂？
5. 蛋白质分子中的哪些基团可以与有机酸、无机酸作用而使蛋白质沉淀？
6. 在加热沉淀蛋白质的实验过程中应注意哪些问题？

## 实验 4　血清总蛋白测定（双缩脲法）

### 实验目的

1. 掌握双缩脲法测定血清总蛋白的实验原理。
2. 熟悉双缩脲法测定的实验步骤。
3. 了解血清总蛋白量改变的临床意义。

### 实验原理

双缩脲（$NH_3CONHCONH_3$）是两个分子脲经 180 ℃左右加热，放出 1 分子氨后得到的产物。在强碱性溶液中，双缩脲与 $CuSO_4$ 形成紫色络合物，称为双缩脲反应。凡具有两个酰胺基或两个直接连接的肽键，或能和一个中间碳原子相连的肽键，这类化合物都有双缩脲反应。

紫色络合物颜色的深浅与蛋白质浓度成正比，而与蛋白质分子量及氨基酸成分无关，故可用来测定蛋白质含量。测定范围为 1~10 mg 蛋白质。干扰这一测定的物质主要有硫酸铵、Tris 缓冲液和某些氨基酸等。

蛋白质的肽键（—CO—NH—）在碱性溶液中能与 $Cu^{2+}$ 作用生成稳定的紫红色络合物，这与两个 $CO(NH_2)_2$ 缩合后生成的双缩脲（$H_2N$—OC—NH—CO—$NH_2$）在碱性溶液中与 $Cu^{2+}$ 作用形成紫红色的反应相似，故称之为双缩脲反应。这种紫红色络合物在 540 nm 的波长处吸收峰明显，吸光度在一定范围内与血清蛋白含量呈正比关系，经与同样处理的蛋白质标准液比较，即可求得蛋白质的含量。

### 实验试剂

1. 蒸馏水。
2. 6 mol/L NaOH 溶液。称取 NaOH 240 g，置于 1000 mL 烧杯中，加蒸馏水约 800 mL，冷却后定容至 1000 mL，置于聚乙烯瓶内盖紧，室温保存。
3. 双缩脲试剂。称取硫酸铜结晶（$CuSO_4 \cdot 5H_2O$）3 g，溶于 500 mL 新鲜制备的蒸馏水中，加入酒石酸钾钠（$NaKC_4H_4O_6 \cdot 4H_2O$，用以结合 $Cu^{2+}$，防止 CuO 在碱性条件下沉淀）9 g 和 KI（防止碱性酒石酸铜自动还原，并防止 $Cu_2O$ 离析）5 g，待完全溶解后，边搅拌边加入 6 mol/L NaOH 溶液 100 mL，用蒸馏水定容至

1000 mL,置于聚乙烯瓶内盖紧,室温保存,室温下可稳定半年。

4. 双缩脲空白试剂。除不含硫酸铜外,其余成分与双缩脲试剂相同。

5. 蛋白质标准液(60~70 g/L)。常用牛血清白蛋白或收集混合血清(无黄疸、无溶血、乙型肝炎表面抗原阴性、肝肾功能正常的人血清),经凯氏定氮法定值,加叠氮钠防腐,冰冻保存,也可用定值参考血清或总蛋白标准液(有商品试剂盒)作标准。但定值质控血清的定值准确性较差,不能用作血清总蛋白的标准物。

## 实验器材

试管、试管架、微量加样器、各号吸嘴、恒温水浴箱、离心机、记号笔、分光光度计等。

## 实验操作

1. 取试管 4 支,编号后按表 3-5 操作。

表 3-5　双缩脲法测定血清总蛋白操作步骤(单位:mL)

| 加入物 | 标本空白管 | 试剂空白管 | 标准管 | 测定管 |
| --- | --- | --- | --- | --- |
| 血清 | 0.1 | — | — | 0.1 |
| 蛋白质标准液 | — | — | 0.1 | — |
| 双缩脲空白试剂 | 5.0 | — | — | — |
| 双缩脲试剂 | — | 5.0 | 5.0 | 5.0 |
| 蒸馏水 | — | 0.1 | — | — |

2. 将各管混匀,置于 37 ℃水浴 10 min 或 25 ℃水浴 30 min,选择波长 540 nm,用蒸馏水调零,测各管吸光度(A)。

## 计算

血清总蛋白(g/L)=[(AU−ARB−AB)÷(AS−ARB−AB)]×蛋白质标准液浓度

## 参考值范围

正常成人 60~80 g/L;清蛋白 35~55 g/L;球蛋白 15~30 g/L;清蛋白/球蛋白=(1.5~2.5):1。

长久卧床者低 3~5 g/L,60 岁以上者约低 2 g/L,新生儿总蛋白浓度较低,随后逐月缓慢上升,大约 1 年后达成人水平(参见表 3-6)。

表 3-6　血清总蛋白与年龄和体位的关系

| 年龄/体位 | 含量 | 年龄/体位 | 含量 |
|---|---|---|---|
| 早产儿 | 36～60 g/L | ≥3 岁 | 60～80 g/L |
| 新生儿 | 46～70 g/L | 成人 | 60～80 g/L |
| 1 周龄 | 44～76 g/L | 非卧床 | 64～83 g/L |
| 7 月龄～1 岁 | 52～73 g/L | 卧床 | 60～78 g/L |
| 1～2 岁 | 56～75 g/L | | |

### 注意事项

1. 试管、吸管应清洁，否则会有混浊现象出现。

2. 血清以新鲜为宜，高脂血症混浊血清会干扰比色，可采用下述方法消除：取带塞试管或离心管 2 支，各加待测血清 0.1 mL，再加蒸馏水 0.5 mL 和丙酮 10 mL，塞紧并颠倒混匀 10 次后离心，倾去上清液，将试管倒立于滤纸上，吸去残余液体。向沉淀中分别加入双缩脲试剂及双缩脲空白试剂，再进行与上述相同的其他操作和计算。

3. 黄疸血清、严重溶血、葡萄糖、酚酞及溴磺酸钠对本法有明显干扰，可用标本空白管来消除。但标本空白管吸光度太高，会影响测定的准确度。

4. 由于各种血清蛋白质的分子量不同，故其浓度不宜用"mol/L"表示，而用"g/L"表示。

### 临床意义

1. 血清总蛋白浓度增加。

（1）蛋白质合成增加：多见于多发性骨髓瘤、淋巴瘤、原发性巨球蛋白血症等，主要是异常免疫球蛋白增加。

（2）血液浓缩：见于急性失水（严重腹泻、呕吐、高热等）、休克（毛细血管的通透性增加）和慢性肾上腺皮质功能减退，急性失水时尿钠增多，可引起继发性脱水。

（3）自身免疫性疾病：如系统性红斑狼疮、风湿热、类风湿关节炎等。

（4）慢性炎症与慢性感染：如结核病、疟疾、黑热病及慢性血吸虫病等。

2. 血清总蛋白浓度降低。

（1）合成障碍：常见于肝脏疾病，如亚急性重症肝炎、慢性中度以上持续性肝炎、肝硬化、肝癌、缺血性肝损伤、毒素诱导性肝损伤等。当肝功能严重受损时，以清蛋白降低最为显著。

（2）丢失过多：见于大出血、严重烧伤、蛋白质丢失性肠病、肾病综合征等。

（3）摄入不足或消耗增加：见于长期低蛋白饮食，慢性胃肠道疾病引起的消化吸收不良(使体内缺乏合成蛋白质的原料),长期消耗性疾病,如严重结核、恶性肿瘤、甲状腺功能亢进等。

(4)血浆稀释:静脉注射过多低渗溶液或各种原因引起的水钠潴留,使总蛋白浓度相对降低。

## 实验 5　血清白蛋白测定(溴甲酚绿法)

### 实验目的

1. 了解溴甲酚绿法测定血液白蛋白的基本原理。
2. 熟悉血清白蛋白测定的临床意义。
3. 掌握溴甲酚绿法测定血液白蛋白的操作。

### 实验原理

在 pH 4.2 的缓冲液及在具表面活性剂的酸性条件下,血清中白蛋白和溴甲酚绿(BCG)结合,形成蓝绿色复合物,其颜色深浅与白蛋白浓度成正比,在波长 630 nm 处有明显吸收峰,与同样处理的白蛋白标准液比较,可求得血清中白蛋白的含量。

### 实验器材

试管架、试管、微量加样器、各号吸嘴、恒温水浴箱、离心机、记号笔、分光光度计等。

### 实验操作

取 3 支试管,编号,按表 3-7 依次操作。

表 3-7　血清白蛋白测定操作步骤(单位:μL)

| 加入物 | 测定管 | 标准管 | 空白管 |
| --- | --- | --- | --- |
| 血清 | 20 | — | — |
| 白蛋白标准液 | — | 20 | — |
| 蒸馏水 | — | — | 20 |
| 白蛋白测定液 | 2000 | 2000 | 2000 |

各管充分混匀后,置于 37 ℃水浴箱中,保温 2 min。取出后以空白管调零,波长为 630 nm,分别读取标准管及测定管吸光度。

血清白蛋白(g/L)＝ Au/As×标准液浓度

参考值范围：成人 35～55 g/L。

### 临床意义

1. 增高。见于严重脱水所致的血浆浓缩。
2. 降低。急性降低：见于大出血和严重烧伤；慢性降低：见于肾病蛋白尿、肝功能受损、恶性肿瘤、结核病伴慢性出血、营养不良等。

### 注意事项

血清白蛋白低于正常值较为多见，白蛋白降低常见于慢性肝炎、肝硬化、营养不良、肾病综合征、结核病、甲亢、大失血、恶性肿瘤等疾病。肝功能检查项目中球蛋白只能部分反映肝脏功能，不能全面反映肝脏功能。要了解肝脏健康情况，还要结合其他肝功能检查项目如 B 超等来综合判定。

## 实验 6  血清蛋白醋酸纤维薄膜电泳

### 实验目的

1. 了解醋酸纤维薄膜电泳法的原理。
2. 掌握醋酸纤维薄膜电泳的操作方法。
3. 熟悉正常及异常血清蛋白的特点及意义。

### 实验原理

蛋白质为两性电解质，在不同 pH 溶液中，其带电情况不同。当溶液 pH 等于蛋白质的等电点时，蛋白质不带电荷，在电场中不移动。当溶液 pH 小于蛋白质的等电点时，蛋白质分子呈碱式解离，带正电荷，向负极移动。当溶液 pH 大于蛋白质的等电点时，蛋白质呈酸式解离，带负电荷，向正极移动。电荷越多、分子量越小的球状蛋白质，移动速度越快，反之则越慢。

本实验是以醋酸纤维薄膜作为支持物，用于分离血清蛋白质。方法是将少量新鲜血清用点样器点在浸有缓冲液的醋酸纤维薄膜上，薄膜两端经过滤纸桥与电泳槽中缓冲液相连，所用缓冲液 pH 为 8.6，血清蛋白质在此缓冲液中带有负电荷，在电场中移向正极，血清中不同蛋白质由于所带电荷数量及分子量不同而泳动速度不同。带电荷多及分子量小者泳动速度快，带电荷少及分子量大者泳动速度慢。经过一定的时间后,将薄膜取出,立即将其浸入氨基黑 10B 染色液中,使蛋白质固定并染色。随后将薄膜移入浸洗液中,洗至背景无色为止,此时薄膜上显示出蓝色区带,每条带代表一种蛋白质,按泳动快慢顺序,各区带分别为清蛋白、$\alpha_1$-球蛋白、$\alpha_2$-球蛋白、$\beta$-球蛋白和 $\gamma$-球蛋白。若进行定量测定,可将各区带分别剪开,用 0.4 mol/L 氢氧化钠溶液将其所含颜色分别洗脱下来,并在比色计上进行比色,即可算出各种蛋白质的相对百分含量。

醋酸纤维薄膜由于对样品没有吸附现象,电泳时具有各区带分界清楚、拖尾现象不明显、样品用量少、电泳时间短等优点,已被广泛应用。

### 实验试剂

1. 新鲜血型(无溶血)。

2. 0.07 mol/L 巴比妥缓冲液(pH 8.6,离子强度为 0.06)。称取巴比妥钠 12.76 g、巴比妥 1.66 g,加蒸馏水约 500 mL,加热溶解,冷却至室温后,加蒸馏水至 1000 mL。

3. 氨基黑染液。称取氨基黑 10B 0.5 g,加入冰醋酸 10 mL、甲醇 50 mL 及蒸馏水 40 mL,混匀,在有塞试剂瓶内储存。

4. 漂洗液。取 95% 乙醇 45 mL、冰醋酸 5 mL 及蒸馏水 50 mL,混匀,放于试剂瓶内储存。

5. 0.4 mol/L 氢氧化钠溶液。取氢氧化钠 16 g,溶于 1000 mL 水中。

6. 透明液。取冰醋酸 20 mL 和无水乙醇 80 mL,混匀,装入试剂瓶中塞紧备用。

### 实验器材

电泳仪、电泳槽、721 或 752 分光光度计、试管、试管架、5 mL 刻度吸管、醋酸纤维薄膜、滤纸、纱布、培养皿、剪刀、镊子、洗耳球、点样器或盖玻片、直尺、铅笔、玻璃板、记号笔等。

### 实验操作

1. 电泳槽的准备。将巴比妥缓冲液加入电泳槽中,调节两侧槽内的缓冲液,使其在同一水平面上,否则会因虹吸而影响电泳效果。用 4 层干净的纱布作桥,将其用巴比妥缓冲液润湿,铺垫在电泳槽支架上。

2. 薄膜的准备。将醋酸纤维薄膜切成 2 cm×8 cm 大小(根据需要决定薄膜大小),在无光泽面的一端约 1.5 cm 处用铅笔画一直线作为点样位置,将薄膜无光泽面向下,浸入巴比妥缓冲液中,待完全浸透(浸泡所需时间随薄膜质量而异,一般需浸泡 20 min 或更长时间),即薄膜已无白斑后用镊子取出,夹在滤纸中间,轻轻吸去多余的缓冲液。

3. 点样。取少量血清置于培养皿上,用加样器取血清 2~3 μL 均匀地加于点样线上,待血清渗入膜内后,移开加样器。应使血清形成具有一定宽度、粗细均匀的直线。点液量不宜太多,也不宜太少,这一步是电泳成败的关键。

4. 电泳。将薄膜点样的一端靠近阴极,无光泽面向下,平整地贴于电泳槽支架的滤纸桥上,使其平衡约 5 min。打开电源开关,调节电压为 100~160 V,电流为 0.4~0.6 mA/cm 膜宽(若有数条膜,则求数条膜宽的总和),通电 40~50 min,使电泳区带展开约 3.5 cm,即可关闭电源。

5. 染色。用镊子小心取出薄膜,立即浸入染色液中染色 5 min,取出后尽量沥尽染色液,然后浸入漂洗液中反复漂洗,直至薄膜背景颜色脱净为止。一般每隔 5 min 左右换 1 次漂洗液,连续漂洗 3 次即可。此时从正极端起,依次为清蛋白、$\alpha_1$-球蛋白、$\alpha_2$-球蛋白、$\beta$-球蛋白和 $\gamma$-球蛋白 5 条蛋白色带。

6. 透明。漂洗干净的薄膜完全干燥后(可用电吹风吹干),将其浸入透明液中 20 min,取出后平贴在玻璃板上(不要留有气泡),完全干燥后即成为透明的薄膜图谱,可作扫描或照相用。如将该玻璃板浸入水中,则透明的薄膜可脱下,吸干水分,可长期保存。

7. 定量。

(1)洗脱法:取试管 6 支并编号,按蛋白区带剪开,并于空白部位剪一片相当于清蛋白宽度的薄膜作为空白,分别放入 6 支试管,各管加入 0.6 mol/L NaOH 溶液,清蛋白管为 4 mL,其余各管为 2 mL。振荡数次,约经 30 min,蓝色即可洗脱。用分光光度计比色,于 600~620 nm 波长下,以空白管调零,测定各管的吸光度,按下式计算各部分蛋白质所占百分比(相对百分含量):

吸光度总和($T$)=清蛋白管吸光度×2+$\alpha_1$-球蛋白吸光度+$\alpha_2$-球蛋白吸光度+$\beta$-球蛋白管吸光度+$\gamma$-球蛋白管吸光度

清蛋白%=清蛋白管吸光度×2/$T$×100%

$\alpha_1$-球蛋白%=$\alpha_1$-球蛋白管吸光度/$T$×100%

$\alpha_2$-球蛋白%=$\alpha_2$-球蛋白管吸光度/$T$×100%

$\beta$-球蛋白%=$\beta$-球蛋白管吸光度/$T$×100%

$\gamma$-球蛋白%=$\gamma$-球蛋白管吸光度/$T$×100%

(2)光密度计法:将干燥的蛋白质醋酸纤维素薄膜电泳图谱放入自动扫描光密度仪(或色谱扫描仪)内,通过反射(用不透明薄膜)或透射(用透明薄膜)方式,在记录器上自动绘出蛋白质组分曲线图,横坐标为膜的长度,纵坐标为光密度(或光强度),每一个峰代表一种蛋白质组分。然后用求积仪测量出各峰的面积,每个峰的面积与它们的总面积的百分比就代表血清中各种蛋白质组分的百分含量。

在用具有电子计算机附件的自动扫描光密度仪时,可以从数字显示的部分或打字带上直接获得每条区带蛋白质的百分含量。

### 临床意义

1. 肾病综合征、糖尿病、肾病时,由于血脂增高,可致 $\alpha_2$-球蛋白及 $\beta$-球蛋白(是脂蛋白的主要成分)增高,清蛋白及 $\gamma$-球蛋白降低。

2. 慢性肝炎、肝硬化时清蛋白降低,$\gamma$-球蛋白升高 2～3 倍。

3. 多发性骨髓瘤时,清蛋白降低,$\gamma$-球蛋白升高,并于 $\beta$ 球蛋白和 $\gamma$-球蛋白区带之间出现结构均一、基底窄、峰高尖的"M"带。

4. 结缔组织病(如红斑狼疮、类风湿性关节炎等)时,清蛋白降低,$\gamma$-球蛋白显著升高。

5. 先天性低丙种球蛋白血症时,$\gamma$-球蛋白降低,蛋白质丢失性肠病表现为清蛋白及 $\gamma$-球蛋白降低,$\alpha_2$-球蛋白则增高。

# 第四章 分子生物类测定

## 实验 1 酵母 RNA 提取与地衣酚显色测定法

### 实验目的

了解并掌握稀碱法提取 RNA 及地衣酚显色法测定 RNA 含量的基本原理和具体方法。

### 实验原理

由于 RNA 的来源和种类很多,因而提取制备方法也各异。一般有苯酚法、去污剂法和盐酸胍法,其中苯酚法又是实验室最常用的。组织匀浆用苯酚处理并离心后,RNA 即溶于上层被酚饱和的水相中,DNA 和蛋白质则留在酚层中,向水层加入乙醇后,RNA 即以白色絮状沉淀析出,此法能较好地除去 DNA 和蛋白质。上述方法提取的 RNA 具有生物活性。工业上常用稀碱法和浓盐法提取 RNA,用这两种方法所提取的核酸均为变性的 RNA,主要用作制备核苷酸的原料,其工艺比较简单。浓盐法是用 10% 氯化钠溶液在 90 ℃条件下提取 3~4 h,迅速冷却,提取液经离心后,上清液用乙醇沉淀 RNA。

稀碱法的操作是使用稀碱(本实验用 0.2% NaOH 溶液)使酵母细胞裂解,然后用酸中和,除去蛋白质和菌体后的上清液用乙醇沉淀 RNA 或调 pH 至 2.5,利用等电点沉淀。

酵母中 RNA 含量为 2.67%~10.0%,而 DNA 含量仅为 0.03%~0.516%,因此,提取 RNA 多以酵母为原料。

RNA 含量测定除可用紫外吸收法及定磷法外,还可用地衣酚法测定,其反应原理是:当 RNA 与浓盐酸共热时,即发生降解,形成的核糖继而转变成糠醛,后者与 3,5-二羧基甲苯(地衣酚)反应,在 $Fe^{3+}$ 或 $Cu^{2+}$ 催化下,生成鲜绿色复合物。反应产物在 670 nm 处有最大吸收。RNA 浓度在 10~100 μg/mL 范围内,光吸收值与 RNA 浓度成正比。地衣酚法特异性差,凡戊糖均有此反应,DNA 和其他杂质也能与地衣酚反应产生类似颜色。因此,测定 RNA 时可先测得 DNA 含量,再计算 RNA 含量。

## 》》 实验试剂

1. 干酵母粉。

2. 0.2% NaOH 溶液,0.05 mol/L NaOH 溶液,乙酸,95%乙醇,无水乙醚。

3. 标准 RNA 母液(须经定磷法测定其纯度):准确称取 RNA 10.0 mg,用少量 0.05 mol/L NaOH 溶液湿透,用玻璃棒研磨至糊状的混浊液,加入少量蒸馏水并混匀,调节 pH 至 7.0,再用蒸馏水定容至 10 mL,此溶液含 RNA 1 mg/mL。

4. 标准 RNA 溶液:取母液 1.0 mL 置于 10 mL 容量瓶中,用蒸馏水稀释至刻度,此溶液含 RNA 100 mg/mL。

5. 样品溶液:控制 RNA 浓度在 10~100 mg/mL 范围内。本实验称量自制干燥 RNA 粗制品 10 mg(估计其纯度约为 50%),按标准 RNA 溶液配制方法配制 100 mL。

6. 地衣酚-铜离子试剂:将 100 mg 地衣酚溶于 100 mL 浓盐酸中,再加入 100 mg CuO,临用前配制。

## 》》 实验器材

容量瓶(10 mL)、吸量管(2.0 mL,5.0 mL)、量筒(10 mL,50 mL)、恒温水浴锅、离心机、布氏漏斗、抽滤瓶、石蕊试纸等。

## 》》 实验操作

### 一、酵母 RNA 的提取

称取 4 g 干酵母粉,置于 100 mL 烧杯中,加入 40 mL 0.2% NaOH 溶液,在沸水浴中加热 30 min,经常搅拌。然后加入数滴乙酸溶液,使提取液呈酸性(用石蕊试纸检查),4 000 r/min 离心 10~15 min。

取上清液,加入 30 mL 95%乙醇,边加入边搅拌。加完后静置,待 RNA 沉淀完全后,用布氏漏斗抽滤。滤渣先用 95%乙醇洗 2 次,每次用 10 mL。再用无水乙醚洗 2 次,每次用 10 mL,洗涤时可用细玻璃棒小心搅动沉淀。最后用布氏漏斗抽滤,将沉淀在空气中干燥。称量所得 RNA 粗品的重量,计算干酵母粉 RNA 含量(%) = $\dfrac{\text{RNA 重(g)}}{\text{干酵母粉重(g)}} \times 100\%$。

## 二、RNA 地衣酚显色测定

1. 标准曲线的制作。取 12 支干净、烘干的试管，按表 4-1 编号并加入试剂。平行做两份，加完试剂后置沸水浴中加热 25 min，取出冷却。以 0 号管作对照，于 670 nm 波长处测定光吸收值，取两管平均值，以 RNA 浓度为横坐标，光吸收为纵坐标作图，绘制标准曲线。

表 4-1　标准曲线的制作

| 试剂 \ 试管编组(×2) | 0 | 1 | 2 | 3 | 4 | 5 |
|---|---|---|---|---|---|---|
| 标准 RNA 溶液/mL | 0 | 0.4 | 0.8 | 1.2 | 1.6 | 2.0 |
| 蒸馏水/mL | 2.0 | 1.6 | 1.2 | 0.8 | 0.4 | 0.0 |
| 地衣酚-铜离子/mL | 2.0 | 2.0 | 2.0 | 2.0 | 2.0 | 2.0 |

2. 样品的测定。取 2 支试管，各加入 2.0 mL 样品液，再加入 20 mL 地衣酚-铜离子试剂。如前述进行测定。

3. RNA 含量的计算。根据测得的光吸收值，从标准曲线上查出相当该光吸收值的 RNA 含量，按下式计算出制品中 RNA 的百分含量。

$$\text{RNA}(\%)=\frac{\text{待测液中测得的 RNA 含量}(\mu g/mL)}{\text{待测液中制品的含量}(\mu g/mL)}\times 100\%$$

### 注意事项

1. 样品中蛋白质含量较高时，应先用 5% 三氯乙酸溶液沉淀蛋白质后再测定。

2. 本法特异性较差，凡属戊糖均有反应。微量 DNA 无影响，较多 DNA 存在时，亦有干扰作用。如在试剂中加入适量二水氯化铜，可减少 DNA 的干扰。甚至某些己糖在持续加热后生成的羟甲基糠醛也能与地衣酚反应，产生显色复合物。此外，也可利用 RNA 和 DNA 显色复合物的最大光吸收值不同，且在不同时间显示最大色度加以区分。反应 2 min 后，DNA 在 600 nm 波长处呈现最大光吸收值，而 RNA 则在反应 15 min 后，在 670 nm 波长处呈现最大光吸收值。

### 思考题

现有 3 瓶未知溶液，已知它们分别为蛋白质、糖和 RNA，应采用什么试剂或方法进行鉴定？请自行设计简便实验。

## 实验 2　动物肝脏 DNA 的提取与检测

### 实验目的

1. 掌握 DNA 分离纯化的原理和方法。
2. 熟悉二苯胺法检测 DNA 含量的原理和方法。
3. 熟悉台式离心机的使用方法。

### 实验原理

细胞内的核酸多以核蛋白的形式存在,其中脱氧核糖核蛋白(DNP)主要存在于细胞核中,核糖核蛋白(RNP)主要存在于细胞质中。这两类核蛋白在 0.14 mol/L 氯化钠溶液中的溶解度相差很大,核糖核蛋白在此溶液中具有很高的溶解度,而脱氧核糖核蛋白的溶解度却相当低。肝匀浆制备好后,用 0.14 mol/L 氯化钠溶液抽提,将两种蛋白质分离。分离过程中加入少量柠檬酸钠,可抑制脱氧核糖核酸酶对 DNA 的水解作用。

SDS(十二烷基磺酸钠)能使脱氧核糖核酸与蛋白质解聚,在含有脱氧核糖核蛋白的溶液中加入 SDS,DNA 即与蛋白质分开,用氯仿将蛋白质沉淀除去,而 DNA 溶解于水样,最后用冷乙醇将 DNA 沉淀析出,即获得纯化的 DNA。在氯仿中加入少量异戊醇能减少操作过程中泡沫的产生,并有助于分样,将离心后的上层水样、中层变性蛋白和下层有机溶剂样维持稳定。

DNA 分子中的脱氧核糖基在酸性溶液中变成 $\omega$-羟基-$\gamma$ 酮基戊醛,与二苯胺试剂作用生成蓝色化合物。在 DNA 浓度为 20～200 $\mu$g/mL 的范围内,吸光度与 DNA 浓度成正比,可用分光光度法测定。

### 实验试剂

1. 0.9% NaCl 溶液。
2. 1.0 mol/L NaCl 溶液。
3. 0.14 mol/L NaCl 溶液(含 0.01 mol/L 柠檬酸钠):称取 NaCl 8.182 g 和柠檬酸钠 2.941 g,用蒸馏水溶解并稀释至 1000 mL。
4. 95% 乙醇溶液(冷藏)、70% 乙醇溶液。
5. 5% 十二烷基磺酸钠(SDS)溶液:称取 SDS 25 g,溶于 500 mL 45% 乙醇中。
6. 氯仿-异丙醇混合液(体积比):氯仿:异丙醇=24:1。

7. DNA 标准溶液。取 DNA 钠盐,用 5 mmol/L NaOH 溶液配成 400 μg/mL 的溶液。

8. 二苯胺试剂。称取纯二苯胺 1 g,溶于 100 mL 分析纯的冰醋酸中,再加 10 mL 过氯酸,混匀待用。临用前加入 1 mL 1.6% 乙醛溶液(乙醛溶液应保存于冰箱中),贮存于棕色瓶中。

9. 新鲜猪肝。

## 实验器材

721E 型分光光度计、匀浆器、台式离心机、恒温水浴箱、真空干燥器、离心管、刻度吸管、试管、试管架等。

## 实验操作

1. 动物肝组织中 DNA 的提取。

(1)肝匀浆制备。取新鲜动物肝脏,用 0.9% NaCl 溶液洗去血液,除去结缔组织,剪碎,称取肝组织 4 g,加 0.14 mol/L NaCl 溶液 4 mL,在匀浆器中研磨,制成肝匀浆。

(2)分离核蛋白。将肝匀浆导入试管中,4000 r/min 离心 5 min,弃去上清。向沉淀中加 0.14 mol/L NaCl 溶液 2 mL,搅匀后再置入匀浆器中研磨,4000 r/min 离心 5 min,弃去上清,将沉淀重复上述操作,弃去上清,沉淀为 DNA-蛋白质复合物。

(3)向沉淀中加入 0.14 mol/L NaCl 溶液 2.0 mL,搅匀,滴加 5% SDS 溶液 2.0 mL,边加边搅拌,60 ℃水浴 10 min(不停搅拌),冷却至室温,均匀分成 $B_1$、$B_2$ 两管。

(4)向 $B_1$、$B_2$ 管中各滴加氯仿-异戊醇溶液 4.0 mL,搅拌至溶液颜色均匀,3000 r/min 离心 15 min。溶液分 3 层,上层液为水样(含 DNA),中层为蛋白质沉淀,下层为有机样,吸取 $B_1$、$B_2$ 管上层液合并于另一试管中。

(5)向上清液中加入 2 倍体积 95% 冰乙醇,颠倒混匀,3000 r/min 离心 15 min,弃去上清液,沉淀为 DNA。加入 70% 乙醇 1 mL,洗涤沉淀 2 次,真空干燥。

(6)DNA 的溶解。向沉淀中加入 1.0 mol/L NaCl 溶液 4.0 mL,搅拌使其溶解,2000 r/min 离心 100 min,上清液则为 DNA 标本液,可用于测定。

2. DNA 的定量测定。

(1)取 3 支试管,标记后按表 4-2 操作。

表 4-2　DNA 的检测操作(单位:mL)

| 加入物 | 标准管 | 标本管 | 空白管 |
| --- | --- | --- | --- |
| DNA 标准液 | 1.0 | — | — |
| DNA 标本液 | — | 1.0 | — |
| 蒸馏水 | — | — | 1.0 |
| 二苯胺试剂 | 2.0 | 2.0 | 2.0 |

(2)混匀各管,沸水浴加热 10 min,取出冷却,以空白管调零,在 595 nm 波长处测定标准管和标本管的吸光度值,代入下式,即可求出标本溶液 DNA 的浓度。

$$DNA(\mu g/mL)=(标本溶液吸光度/标准溶液吸光度)\times 400$$

### 注意事项

1.为了防止大分子核酸被降解,整个过程需在低温条件下进行,可加入某些物质抑制核酸酶的活性,如柠檬酸钠、EDTA、SDS 等。

2.从核蛋白中脱去蛋白质的方法很多,经常采用的有氯仿-异丙醇法、苯酚法、去垢剂法等。它们均能使蛋白质变性和核蛋白解聚,并释放出核酸。

3.SDS 溶液要摇匀后再使用。

# 第五章　酶类测定

## 实验1　酶的专一性及影响酶促反应的因素

### 实验(1)　酶的专一性

#### 实验目的

1. 掌握酶的专一性的定义。
2. 熟悉葡萄糖及麦芽糖与班氏试剂反应的原理。
3. 了解酶的专一性实验过程。

#### 实验原理

酶是一种生物催化剂,它与一般催化剂最主要的区别是酶具有高度的特异性。特异性(即酶的专一性)是指一种酶只能对一种化合物或一类化合物起一定催化作用,而不能对别的物质起催化作用。唾液淀粉酶能催化淀粉发生水解,生成一系列水解产物,如糊精、麦芽糖、葡萄糖等。麦芽糖或葡萄糖都属于还原糖,能将班氏试剂中的二价铜离子($Cu^{2+}$)还原成亚铜,并生成砖红色的氧化亚铜($Cu_2O$)沉淀。蔗糖本身不是还原糖,淀粉酶不能催化蔗糖水解,所以蔗糖不能与班氏试剂作用呈颜色反应。

#### 实验试剂

1. 1%淀粉溶液。称取可溶性淀粉1 g,置于烧杯中,加蒸馏水5 mL;调成糊状,再加入80 mL蒸馏水中,不断搅拌,待其溶解后,加蒸馏水至100 mL。此溶液应新鲜配制,防止细菌污染。

2. 1%蔗糖溶液。称取蔗糖1 g,加蒸馏水至100 mL溶解。

3. pH 6.8 缓冲液。取 0.2 mol/L 磷酸氢二钠溶液 772 mL，0.1 mol/L 柠檬酸溶液 228 mL，混合即可。

4. 班氏试剂。将 17.3 g 结晶硫酸铜（$CuSO_4 \cdot 5H_2O$）溶解于 100 mL 热的蒸馏水中，冷却后加水至 150 mL，为 A 液。取柠檬酸钠 173 g 和无水碳酸钠 100 g，加蒸馏水 600 mL，加热溶解，冷却后加水至 850 mL，为 B 液。将 A 液缓慢倒入 B 液中，混匀即可。

## 实验器材

试管、试管夹、试管架、小烧杯、恒温水浴箱、滴管、煮沸水浴箱、记号笔、样品杯等。

## 实验操作

1. 稀释唾液的制备：先用水漱口，清洁口腔，清除食物残渣。再含一口蒸馏水，做咀嚼运动，2 min 后吐到样品杯中备用。

煮沸唾液的制备：取上述稀释唾液约 5 mL，放入沸水浴中煮沸 5 min，取出备用。

2. 取试管 3 支，记号后按表 5-1 加入试剂。

表 5-1 酶的专一性测定

| 加入物（滴） | 1 号管 | 2 号管 | 3 号管 |
| --- | --- | --- | --- |
| pH6.8 缓冲液 | 20 | 20 | 20 |
| 1% 淀粉溶液 | 10 | 10 | — |
| 1% 蔗糖溶液 | — | — | 10 |
| 稀释唾液 | 5 | — | 5 |
| 煮沸唾液 | — | 5 | — |
| 将各管摇匀后，置于 37 ℃ 水浴中保温 10 min 后取出 | | | |
| 加入班氏试剂 | 20 | 20 | 20 |
| 将各管混匀，置于煮沸水浴箱中煮沸 3~5 min 后取出 | | | |
| 观察结果：1 号管砖红色；2 号管浅蓝色；3 号管天蓝色 | | | |

3. 结果分析：

(1) 1 号管。稀释唾液中的淀粉酶催化淀粉水解，生成麦芽糖和少量葡萄糖，它们均属还原性糖，将班氏试剂中的 $Cu^{2+}$ 还原成 $Cu^+$，生成砖红色的 $Cu_2O$ 沉淀。

(2) 2 号管。煮沸唾液中的淀粉酶失活，不能催化淀粉水解，故无还原性糖生成，班氏试剂中的 $Cu^{2+}$ 没有被还原，显 $Cu^{2+}$ 的颜色（浅蓝色）。

(3) 3 号管。酶具有高度的专一性，淀粉酶不能催化蔗糖水解，蔗糖不是还原性糖,班氏试剂中的 $Cu^{2+}$ 没有被还原,显 $Cu^{2+}$ 的颜色(浅蓝色)。

## 注意事项

唾液必须充分煮沸,各管的唾液量应基本相等。

## 临床意义

1. 有机磷农药中毒的机制是抑制了胆碱酯酶活性,临床通过检测胆碱酯酶活性可以判断中毒的程度,以指导治疗。

2. 当组织细胞损伤时,细胞内的酶大量进入血液,使血液酶含量增高。如急性胰腺炎时,血清淀粉酶活性增高,临床通过检测血清淀粉酶活性了解病情。

# 实验(2) 影响酶促反应的因素

## 实验目的

1. 掌握影响酶促反应的相关因素。
2. 熟悉影响唾液淀粉酶活性因素的实验原理。
3. 了解影响唾液淀粉酶活性因素的实验方法。
4. 了解激活剂与抑制剂在医学上的应用。

## 实验原理

温度对酶促反应的影响很大,在低温条件下化学反应速度慢,提高温度可以增加酶促反应的速度,但酶是蛋白质,温度过高可引起蛋白质变性,一般在60 ℃时酶即变性,导致酶失活。

酶的活性受环境的pH影响非常敏感,通常各种酶只在一定pH范围内才表现它的活性。酶在表现活性最高时的pH,称为该酶的最适pH。若低于或高于最适pH时,都将引起酶活性降低,使酶促反应速度减慢。

酶的活性可受某些物质的影响,有些物质使酶的活性增加,称酶的激活剂;有些物质能使酶的活性降低,称为酶的抑制剂。如氯化钠为唾液淀粉酶的激活剂,硫酸铜为该酶的抑制剂。

唾液淀粉酶可将淀粉逐步水解成各种不同大小分子的糊精及麦芽糖,其产物与碘的呈色不同。通过颜色变化可以了解淀粉酶在不同条件下水解淀粉的程度,以观察pH、温度、激活剂、抑制剂对酶促反应速度的影响。

淀粉水解产物:淀粉→紫糊精→红糊精→无色糊精→麦芽糖

与碘呈色：　　蓝色　　紫色　　红色　　　无色　　无色

中间可能出现其他过渡色,如蓝紫色、棕红色等。

## 实验试剂

1. 1%淀粉溶液。称取可溶性淀粉1 g,置于烧杯中,加蒸馏水5 mL,调成糊状,再加入80 mL蒸馏水中,不断搅拌,待其溶解后,加蒸馏水至100 mL。此液溶应新鲜配制,防止细菌污染。

2. 1%蔗糖溶液。称取蔗糖1 g,加蒸馏水至100 mL溶解。

3. 班氏试剂。将17.3 g结晶硫酸铜($CuSO_4 \cdot 5H_2O$)溶解于100 mL热的蒸馏水中,冷却后加水至150 mL,为A液。取柠檬酸钠173 g和无水碳酸钠100 g,加蒸馏水600 mL,加热溶解,冷却后加水至850 mL,为B液。将A液缓慢倒入B液中,混匀即可。

4. pH 6.8缓冲液。取0.2 mol/L磷酸氢二钠溶液154.5 mL,0.1 mol/L柠檬酸溶液45.5 mL,混匀即可。

5. pH 4.8缓冲液。取0.2 mol/L磷酸氢二钠溶液98.6 mL,0.1 mol/L柠檬酸溶液101.4 mL,混合即可。

6. pH 8.0缓冲液。取0.2 mol/L磷酸氢二钠溶液194.5 mL,0.1 mol/L柠檬酸溶液5.5 mL,混合即可。

7. 稀碘液。称取碘1 g,碘化钾20 g,溶于1000 mL蒸馏水中,储存于棕色瓶。

8. 1%氯化钠溶液。

9. 1%硫酸铜溶液。

10. 1%硫酸钠溶液。

11. 稀释唾液的制备。用清水漱口,清除食物残渣。再含蒸馏水30 mL,做咀嚼运动,5 min后将稀释唾液收集于样品杯中备用。

## 实验器材

试管、滴管、试管夹、煮沸水浴箱、小烧杯、样品杯、冰块、恒温水浴箱、记号笔等。

## 实验操作

1. 温度对酶促反应速度的影响。

(1)取试管3支,记号后按表5-2操作。

表 5-2 温度对酶促反应速度的影响

| 加入物(滴) | 1 号管 | 2 号管 | 3 号管 |
| --- | --- | --- | --- |
| pH 6.8 缓冲液 | 20 | 20 | 20 |
| 1%淀粉溶液 | 10 | 10 | 10 |
| 将 1、2、3 号管分别置于 0 ℃、37 ℃、100 ℃水浴中预温 5 min | | | |
| 稀释唾液 | 5 | 5 | 5 |
| 继续将 1、2、3 号管分别置于 0 ℃、37 ℃、100 ℃水浴中预温 5~10 min | | | |
| 稀碘液 | 1 | 1 | 1 |

(2)观察各管的颜色,并说明原因。

2. pH 对酶促反应速度的影响。

(1)取试管 3 支,记号后按表 5-3 操作。

表 5-3 pH 对酶促反应速度的影响

| 加入物(滴) | 1 号管 | 2 号管 | 3 号管 |
| --- | --- | --- | --- |
| pH 4.8 缓冲液 | 20 | — | — |
| pH 6.8 缓冲液 | — | 20 | — |
| pH 8.0 缓冲液 | — | — | 20 |
| 1%淀粉溶液 | 10 | 10 | 10 |
| 稀释唾液 | 5 | 5 | 5 |
| 将各管混匀,置于 37 ℃水浴箱,保温 5~10 min 后取出 | | | |
| 稀碘液 | 1 | 1 | 1 |

(2)观察各管颜色,并说明原因。

3. 激活剂、抑制剂对酶促反应速度的影响。取试管 4 支,记号后按表 5-4 操作。

表 5-4 激活剂、抑制剂对酶促反应速度的影响

| 加入物(滴) | 1 号管 | 2 号管 | 3 号管 | 4 号管 |
| --- | --- | --- | --- | --- |
| pH6.8 缓冲液 | 20 | 20 | 20 | 20 |
| 1%淀粉溶液 | 10 | 10 | 10 | 10 |
| 1%氯化钠溶液 | — | 10 | — | — |
| 1%硫酸铜溶液 | — | — | 10 | — |
| 1%硫酸钠溶液 | — | — | — | 10 |
| 蒸馏水 | 10 | — | — | — |
| 稀释唾液 | 5 | 5 | 5 | 5 |
| 将各管混匀,置于 37 ℃水浴箱,保温 5~10 min 后取出 | | | | |
| 加稀碘液 | 1 | 1 | 1 | 1 |
| 观察各管的颜色变化 | | | | |

分析哪种离子为激活剂,哪种离子为抑制剂。

### 注意事项

1. 要严格控制时间,保证每管的反应时间相同。
2. 所有仪器洗净后再用蒸馏水冲洗。
3. 唾液淀粉酶的活性存在个体差异,同时受唾液稀释倍数的影响。收集唾液时应事先确定稀释倍数,或收集 2~4 人的混合唾液。
4. 酶促反应的保温时间长短直接影响本实验的效果。应根据各实验室的条件进行预试,确定最佳保温时间。

### 临床意义

1. 酶的本质是蛋白质,当温度升高时,其活性降低甚至失活。所以,酶、激素、抗体等应放在低温冰箱内保存。
2. 先天性缺乏 6-磷酸葡萄糖脱氢酶易导致溶血,患蚕豆病。先天性缺乏酪氨酸酶,体内的酪氨酸不能转化成黑色素,导致皮肤、毛发缺乏黑色素而患白化病。
3. 磺胺类药物与对氨基苯甲酸结构相似,通过竞争性抑制作用抑制细菌的生长,而起到杀菌作用。
4. 甲氨蝶呤、6-巯基嘌呤、5-氟尿嘧啶等药物是肿瘤细胞核酸代谢途径中相关酶的竞争性抑制剂,可抑制肿瘤细胞的代谢。
5. 酶可用于疾病的治疗,如胃蛋白酶、胰蛋白酶、多酶片等可助消化;溶菌酶、木瓜蛋白酶等可消炎;糜蛋白酶用于外科清创,防治粘连;链激酶、尿激酶等可用于溶血栓。

## 实验 2　琥珀酸脱氢酶的竞争性抑制

### 实验目的

1. 通过琥珀酸脱氢酶活性的抑制,说明竞争性抑制剂对酶促反应的影响。
2. 说明竞争性抑制剂对酶影响的特点。
3. 提高分析问题能力和动手能力。

### 实验原理

琥珀酸脱氢酶可催化琥珀酸脱氢,并将脱下的氢传给亚甲蓝(甲烯蓝),使蓝色的亚甲蓝变为无色的亚甲白(甲烯白),借此观察琥珀酸脱氢酶活性。丙二酸与琥珀酸结构相似,故能占据琥珀酸脱氢酶的活性中心,使琥珀酸脱氢酶的活性被抑制。本实验将证明丙二酸的抑制作用及其抑制特点。

## 实验试剂

1. 200 mmol/L 琥珀酸溶液。称取琥珀酸 2.36 g,加少量蒸馏水溶解后,用 0.2 mol/L 氢氧化钠调节 pH 至 7.4,再加蒸馏水至 100 mL。

2. 20 mmol/L 琥珀酸溶液。取 200 mmol/L 琥珀酸溶液,用蒸馏水作 10 倍稀释。

3. 200 mmol/L 丙二酸至溶液。取丙二酸 2.32 g,加少量蒸馏水溶解后,用 0.2 mol/L 氢氧化钠调节 pH 至 7.4,再加蒸馏水至 100 mL。

4. 20 mmol/L 丙二酸溶液。取 200 mmol/L 丙二酸溶液,用蒸馏水作 10 倍稀释。

5. 亚甲蓝溶液。称取亚甲蓝 0.02 g,加蒸馏水溶解至 100 mL。

6. 液状石蜡。

## 实验器材

10 mm×100 mm 试管、试管架、恒温水浴、蜡笔等。

## 操作步骤

1. 肌肉提取液的制备。将大鼠断头放血处死,取大腿肌肉约 5 g 剪碎,置烧杯内,用冷蒸馏水洗 3 次,洗去肌肉中的可溶性物质和其他受氢体,以减少对实验的干扰。将肌肉碎块移入研钵中,加约 10 mL 冰冷的蒸馏水,研磨得匀浆,离心沉淀,取上层清液冷藏备用。

2. 取试管 5 支,按表 5-5 操作。

表 5-5 琥珀酸脱氢酶竞争性抑制实验操作

| 加入物(滴) | 1 | 2 | 3 | 4 | 5 |
| --- | --- | --- | --- | --- | --- |
| 肌肉提取液 | 10 | 10 | 10 | 10 | —— |
| 200 mmol/L 琥珀酸溶液 | 5 | 5 | 5 | —— | 5 |
| 20 mmol/L 琥珀酸溶液 | —— | —— | —— | 5 | —— |
| 200 mmol/L 丙二酸溶液 | —— | 5 | —— | —— | —— |
| 20 mmol/L 丙二酸溶液 | —— | —— | 5 | —— | —— |
| 蒸馏水 | 5 | —— | —— | —— | 15 |
| 亚甲蓝溶液 | 3 | 3 | 3 | 3 | 3 |

3. 将上述各管摇匀,分别加液状石蜡适量,覆盖液面,以隔绝空气,置于 37 ℃ 水浴箱中保温,观察各管蓝色消退情况。

### ▶ 注意事项

1. 加入液状石蜡时沿管壁缓缓加入,不要产生气泡。
2. 在制备匀浆时要研磨充分,有利于酶的释放。

### ▶ 思考题

1. 通过实验,说明丙二酸的抑制作用及其抑制特点。
2. 简述琥珀酸脱氢酶竞争性抑制作用的原理。

## 实验 3　血清丙氨酸氨基转移酶(ALT)测定

### ▶ 实验目的

1. 熟悉本法测定(ALT)的基本实验原理。
2. 掌握血清丙氨酸氨基转移酶测定的方法。
3. 了解丙氨酸氨基转移酶测定的临床意义。

### ▶ 实验原理

L-丙氨酸 + α-酮戊二酸 ⟶ α-丙酮酸 + L-谷氨酸

α-丙酮酸 + 2,4-二硝基苯肼 ⟶ 2,4-二硝基苯腙

(红棕色,$\lambda=505$ nm)

利用比色分析原理将样品显色与丙酮酸标准品配制成的系列标准液比较,求出样品中丙氨酸氨基转移酶(ALT)的活性。

### ▶ 实验试剂

1. 0.1 mol/L $KH_2PO_4$ 溶液。称取 $KH_2PO_4$ 13.61 g,溶解于蒸馏水中,加水至 1000 mL,4 ℃保存。

2. 0.1 mol/L $Na_2HPO_4$ 溶液。称取 $Na_2HPO_4$ 14.22 g,溶解于蒸馏水中,并稀释至 1000 mL,4 ℃保存。

3. 0.1 mol/L 磷酸盐缓冲液(pH 7.4)。取 420 mL 0.1 mol/L $Na_2HPO_4$ 溶液和 80 mL 0.1 mol/L $KH_2PO_4$ 溶液,混匀,即为 pH 7.4 的磷酸盐缓冲液。加氯仿数滴,4 ℃保存。

4. 基质缓冲液。精确称取 D-L-丙氨酸 1.79 g,α-酮戊二酸 29.2 mg,先溶于

0.1 mol/L磷酸盐缓冲液约50 mL中,用1 mol/L NaOH溶液调节pH至7.4,再加磷酸盐缓冲液至100 mL,4～6 ℃保存,该溶液可稳定2周。每升底物缓冲液中可加入麝香草酚0.9 g或加氯仿防腐,4 ℃保存。配成200 mmol/L丙氨酸与2.0 mmol/L α-酮戊二酸基质缓冲液。

5. 1.0 mmol/L 2,4-二硝基苯肼溶液。称取2,4-二硝基苯肼(AR)19.8 mg,溶于1.0 mol/L盐酸100 mL,置于棕色玻璃瓶中,室温中保存,若在冰箱内保存,可稳定2个月。若有结晶析出,应重新配制。

6. 0.4 mol/L NaOH溶液。称取NaOH 1.6 g,溶解于蒸馏水中,并加蒸馏水至100 mL,置于具塞塑料试剂瓶内,室温中可长期稳定。

7. 2.0 mmol/L丙酮酸标准液。准确称取丙酮酸钠(AR)22.0 mg,置于100 mL容量瓶中,加0.05 mol/L硫酸至刻度。此液不稳定,应临用前配制。丙酮酸不稳定,开封后易变质(聚合),相互聚合为多聚丙酮酸,需干燥后使用。

8. 待测标本。病人血清或质控血清。

### 实验器材

试管、微量加样器、吸嘴盒、大小号吸嘴、恒温水浴箱、离心机、分光光度计、测定试剂等。

### 实验操作

1. ALT校正曲线绘制。
(1)按表5-6向各管加入相应试剂。

**表5-6 ALT各标准管的配制方法**

| 加入物(mL) | 1 | 2 | 3 | 4 | 5 |
|---|---|---|---|---|---|
| 0.1 mol/L磷酸盐缓冲液 | 0.1 | 0.1 | 0.1 | 0.1 | 0.1 |
| 2.0 mmol/L丙酮酸标准液 | 0 | 0.05 | 0.10 | 0.15 | 0.20 |
| 基质缓冲液 | 0.50 | 0.45 | 0.40 | 0.35 | 0.30 |
| 2,4-二硝基苯肼溶液 | 0.5 | 0.5 | 0.5 | 0.5 | 0.5 |
| 混匀,37 ℃水浴20 min | | | | | |
| 0.4 mol/L NaOH溶液 | 5.0 | 5.0 | 5.0 | 5.0 | 5.0 |
| 相当于酶活性浓度(卡门氏单位) | 0 | 28 | 57 | 97 | 150 |

(2)混匀,放置5 min,在波长505 nm处,以蒸馏水调零,读取各管吸光度,各管吸光度均减1号管吸光度为该标准管的吸光度。

(3)以吸光度为纵坐标,对应的酶卡门氏活性单位为横坐标,用各标准管代表的活性单位与吸光度作图,即成校正曲线。

2.标本的测定。

(1)在测定前取适量的底物溶液和待测血清,37 ℃水浴预温 5 min 后使用;具体操作按表 5-7 进行。

表 5-7 赖氏法测定 ALT 操作步骤

| 加入物(mL) | 对照管 | 测定管 |
|---|---|---|
| 血清 | 0.1 | 0.1 |
| 基质缓冲液 | — | 0.5 |
| 混匀后,37 ℃水浴 30 min | | |
| 2,4-二硝基苯肼溶液 | 0.5 | 0.5 |
| 基质缓冲液 | 0.5 | — |
| 混匀后,37 ℃水浴 20 min | | |
| 0.4 mol/L NaOH 溶液 | 5.0 | 5.0 |

(2)室温条件下放置 5 min,在波长 505 nm 处以蒸馏水调零,读取各管吸光度。

## 计算

测定管吸光度减去样本对照管吸光度的差值为标本的吸光度。利用该值在校正曲线上可查得 ALT 的卡门氏单位。

## 参考范围

血清 ALT:5～25 个卡门氏单位。

## 临床意义

ALT 在肝细胞中含量较多,且主要存在于肝细胞的可溶性部分。当肝脏受损时,此酶可释放入血,致血中该酶活性浓度增加,故测定 ALT 结果常作为判断肝脏受损的指标。

1.肝细胞损伤的灵敏指标。急性病毒性肝炎转氨酶阳性率为 80%～100%,肝炎恢复期,转氨酶转入正常,但如在 100 U 左右波动或再度上升为慢性活动性肝炎;重型肝炎或亚急性重型肝炎时,再度上升的转氨酶在症状恶化的同时,酶活性反而降低,则是肝细胞坏死后增生不良,预后不佳。以上说明,监测转氨酶可以观察病情的发展,并作预后判断。

2.慢性活动性肝炎或脂肪肝转氨酶轻度增高(100～200 U),或属正常范围,且 AST>ALT。肝硬化、肝癌时,ALT 有轻度或中度增高,提示可能并发肝细胞坏死,预后严重。其他原因引起的肝脏损害,如心功能不全时,肝淤血导致肝小叶中央带细胞的萎缩或坏死,可使 ALT、AST 明显升高;某些化学药物如异烟肼、氯丙嗪、苯巴比妥、四氯化碳、砷剂等可不同程度地损害肝细胞,引起 ALT 的升高。

3. 其他疾病或因素亦会引起 ALT 不同程度的增高,如骨骼肌损伤、多发性肌炎等。

》》 **注意事项**

1. 丙酮酸标准液的配制。丙酮酸不稳定,见空气易发生聚合反应,生成多聚丙酮酸,而失去其化学性质。在配制校正曲线时,不会出现显色反应。此时应将变性的丙酮酸放在干燥箱(40~55 ℃)2~3 h,或放在干燥器中过夜后再使用。

2. 基质液中的 $\alpha$-酮戊二酸和显色剂 2,4-二硝基苯肼均为呈色物质,称量时必须很准确,每批试剂的空白管吸光度上下波动不应超过 0.015 A,如超出此范围,应检查试剂及仪器等方面问题。

3. 血清中 ALT 在室温(25 ℃)可以保存 2 天,在 4 ℃冰箱可保存 1 周,在 -25 ℃可保存 1 个月。一般血清标本中内源性酮酸含量很少,血清对照管吸光度接近于试剂空白管(以蒸馏水代替血清,其他和对照管同样操作)。所以,成批标本测定时,一般不需要每份标本都作自身血清对照管,以试剂空白管代替即可,但对超过正常值的血清标本应进行复查。严重脂血、黄疸及溶血血清可引起测定的吸光度增高;糖尿病酮症酸中毒病人血中因含有大量酮体,能和 2,4-二硝基苯肼作用呈色,也会引起测定管吸光度增加。因此,检测此类标本时,应作血清标本对照管。

4. 使用赖氏法时考虑到底物浓度不足,酶作用产生的丙酮酸的量不能与酶活性成正比,故没有制定自身的单位定义,而是以实验数据套用速率法的卡门氏单位。赖氏法校正曲线所定的单位是用比色法的实验结果和卡门分光光度法实验结果作对比后求得的,以卡门氏单位报告结果。卡门法是早期的酶偶联速率测定法,卡门氏单位是分光光度单位。定义为血清 1 mL,反应液总体积 3 mL,反应温度 25 ℃,波长 340 nm,比色杯光径 1.0 cm,每分钟吸光度下降 0.001 A 为 1 个卡门氏单位(相当于 0.48 U)。赖氏法的测定温度原为 40 ℃,校正曲线只到 97 个卡门氏单位,后来改用 37 ℃测定,将校正曲线延长至 150 卡门氏单位。赖氏比色法测定由于受底物 $\alpha$-酮戊二酸浓度和 2,4-二硝基苯肼浓度的不足以及反应产物丙酮酸的反馈抑制等因素影响,校正曲线不能延长至 200 卡门氏单位。当血清标本酶活力超过 150 卡门氏单位时,应将血清用 0.145 mol/L NaCl 溶液稀释后重测,其结果乘以稀释倍数。

5. 加入 2,4-二硝基苯肼溶液后,应充分混匀,使反应完全。加入 NaOH 溶液的方法和速度要一致,如液体混合不完全或 NaOH 溶液的加入速度不同,均会导致吸光度读数的差异。呈色的深浅与 NaOH 溶液的浓度也有关系,NaOH 溶液浓度越大,呈色越深。NaOH 溶液浓度小于 0.25 mol/L 时,吸光度下降变陡,因此,NaOH 溶液浓度要准确。

## 评价

1. 重复性差。其原因有以下 3 个方面:(1)由于限制底物 α-酮戊二酸的用量,如一般采用 2.0 mmol/L 的浓度,反应速度只有最大反应速度的 65%,使产物生成量与酶的活性之间不能呈现良好的线形关系。(2)2,4-二硝基苯肼在碱性条件下也能显色,为了降低试剂空白的吸光度而不得不使用低浓度的 2,4-二硝基苯肼(1.0 mmol/L)。此种水平的 2,4-二硝基苯肼仅能与反应体系中的两种酮酸的一半反应。酶促反应中 2,4-二硝基苯肼与这两种酮酸的结合显色度不易控制。低浓度的 2,4-二硝基苯肼使校正曲线弯曲呈非线性也影响测定结果。(3)产物旁路效应,即 ALT 催化生成的产物丙酮酸,在乳酸脱氢酶催化下而消耗,从而影响测定结果。这种现象称为产物旁路效应。

2. 准确性差。(1)由于线性范围狭窄,测定温度为 40 ℃,校正曲线只到 97 个卡门氏单位,测定温度为 37 ℃时,校正曲线延长至 150 个卡门氏单位。但临床病人标本多见为 200 个卡门氏单位以上。尽管采用标本稀释后再测定,结果乘以稀释倍数,但偏差大。(2)影响实验条件的因素多,而且不易控制,系统误差大。

3. 试剂稳定性差。基质液不易保存(易长菌),易失效,故保存期短,影响试剂批间结果的一致性。

4. 操作简便,实验条件要求不高,便于基层医疗单位开展。

5. 赖氏法是比色法中比较合理的方法。可以理解为它最大限度地减小了比色法所固有的缺点,使测定结果能较好地反映酶的真实活性。但从总体上说,由于设计原理的不足,赖氏法不能成为 ALT 的理想测定方法并终将被连续监测法或其他先进方法所取代。

# 实验 4　血清碱性磷酸酶(ALP)测定

## 实验目的

1. 熟悉本法测定血清碱性磷酸酶的基本实验原理。
2. 掌握血清碱性磷酸酶测定的方法。
3. 了解血清碱性磷酸酶测定的临床意义。

## 实验原理

在 pH 10.0 的反应液中,碱性磷酸酶催化磷酸苯二钠水解,生成游离酚和磷酸。酚在碱性溶液中与 4-氨基安替比林结合,并经铁氰化钾氧化生成红色的醌的衍生物,根据红色深浅计算酶活力的高低。

## 实验试剂

1. 0.1 mol/L 碳酸盐缓冲液(pH 10.0)。溶解无水碳酸钠 6.36 g、碳酸氢钠 3.36 g、4-氨基安替比林 1.5g 于 800 mL 蒸馏水中,将此溶液转入 1000 mL 容量瓶内,加蒸馏水至刻度,置棕色瓶中贮存。

2. 20 mmol/L 磷酸苯二钠溶液。先将 500 mL 蒸馏水煮沸,消灭微生物,迅速加入磷酸苯二钠 2.18 g(磷酸苯二钠如含 2 分子结晶水,则应称取 2.54 g),冷却后加入氯仿 2 mL 防腐,置冰箱内保存,称为底物溶液。

3. 铁氰化钾溶液。分别称取铁氰化钾 2.5 g、硼酸 17 g,各自溶入 400 mL 蒸馏水中,将两液混合后,加蒸馏水至 1000 mL,置棕色瓶中避光保存,如出现蓝绿色,即弃去。

4. 酚标准贮存液(1 mg/mL)。建议购买商品标准液,若自行配制,方法如下:将重蒸馏苯酚 1.0 g 溶解于 0.1 mol/L 盐酸中,并用 0.1 mol/L 盐酸稀释至 1000 mL。

5. 酚标准应用液(0.05 mg/mL)。取酚标准贮存液 5 mL,加蒸馏水至 100 mL,此液只能保存 2~3 天。

## 实验器材

试管、微量加样器、吸嘴盒、大小号吸嘴、恒温水浴箱、离心机、分光光度计、测定试剂等。

## 实验操作

取 16 mm×100 mm 试管,按表 5-8 进行编号与测定。

表 5-8　血清碱性磷酸酶测定步骤

| 加入物 | 测定管 | 对照管 |
| --- | --- | --- |
| 血清(mL) | 0.1 | — |
| 碳酸盐缓冲液(mL) | 1.0 | 1.0 |
| 混匀,37 ℃水浴 5 min | | |

续表

| 加入物 | 测定管 | 对照管 |
|---|---|---|
| 底物溶液(预温至 37 ℃)(mL) | 1.0 | 1.0 |
| 混匀,37 ℃水浴准确保温 15 min | | |
| 铁氰化钾溶液(mL) | 3.0 | 3.0 |
| 血清(mL) | — | 0.1 |

立即混匀,在波长 510 nm 处,以蒸馏水调零点,读取各管吸光度。测定管吸光度减去对照管吸光度,查标准曲线表,求出酶活力单位。

金氏单位定义:100 mL 血清在 37 ℃与底物作用 15 min,产生 1 mg 酶为 1 个金氏单位。

标准曲线绘制按表 5-9 操作。

表 5-9　标准曲线绘制步骤

| 加入物 | 0 | 1 | 2 | 3 | 4 | 5 |
|---|---|---|---|---|---|---|
| 酚标准应用液(ml) | 0 | 0.2 | 0.4 | 0.6 | 0.8 | 1.0 |
| 蒸馏水(mL) | 1.1 | 0.9 | 0.7 | 0.5 | 0.3 | 0.1 |
| 碳酸盐缓冲液(mL) | 1.0 | 1.0 | 1.0 | 1.0 | 1.0 | 1.0 |
| 铁氰化钾溶液(mL) | 3.0 | 3.0 | 3.0 | 3.0 | 3.0 | 3.0 |
| 相当金氏单位 | 0 | 10 | 20 | 30 | 40 | 50 |

立即混匀,在波长 510 nm 处,以零号管调零点,读取各管吸光度,并和相应酶活力单位绘制标准曲线。

### 参考值

成年人:3~13 金氏单位。

儿童:5~28 金氏单位。

### 注意事项

1. 铁氰化钾溶液中加入硼酸有稳定显色作用。

2. 底物中不应含有游离酚,如空白管显红色,说明磷酸苯二钠已开始分解,应弃去不用。

3. 加入铁氰化钾后必须迅速混匀,否则显色不充分。

4. 黄疸血清及溶血血清分别作对照管,一般血清标本可以共用对照管。

### 临床意义

碱性磷酸酶活力测定常作为肝胆疾病和骨骼疾病的临床辅助诊断的指标。

可用热稳定试验区别碱性磷酸酶来自肝脏还是来自骨骼。将血清于 56 ℃ 加热 10 min，肝脏患者的酶活力保存 43%±9%，均在 34% 以上；骨病患者酶活力仅保存 17%±9%，都低于 26%。

血清碱性磷酸酶活力增高可见于下列疾病：肝胆疾病，如阻塞性黄疸、急性或慢性黄疸型肝炎、肝癌等；骨骼疾病，由于骨的损伤或疾病使成骨细胞内所含高浓度的碱性磷酸酶释放入血液中，引起血清碱性磷酸酶活力增高，如纤维性骨炎、成骨不全症、佝偻病、骨软化病、骨转移癌和骨折修复愈合期等。

## 实验 5　血清淀粉酶(AMS)测定(碘-淀粉比色法)

### 实验目的

1. 熟悉本法测定血清淀粉酶的基本实验原理。
2. 掌握血清淀粉酶测定的方法。
3. 了解血清淀粉酶测定的临床意义。

### 实验原理

血清中 $\alpha$-淀粉酶催化淀粉分子中 $\alpha$-1,4 糖苷键水解，产生葡萄糖、麦芽糖及含有 $\alpha$-1,6 糖苷键支链的糊精。在底物过量的条件下，反应后加入碘液，与未被水解的淀粉结合成蓝色复合物，其蓝色的深浅与未经酶促反应的空白管比较，从而推算出淀粉酶的活力单位。

### 实验器材

试管、微量加样器、吸嘴盒、大小号吸嘴、恒温水浴箱、离心机、分光光度计、测定试剂等。

### 实验操作

取 2 支试管，按表 5-10 进行淀粉酶操作。

表 5-10　血清淀粉酶测定步骤

| 加入物($\mu$L) | 测定管 | 空白管 |
| --- | --- | --- |
| 血清标本 | 10 $\mu$L | — |
| 蒸馏水 | — | 10 $\mu$L |
| 淀粉酶缓冲液 | 500 $\mu$L | 500 $\mu$L |

续表

| 加入物(μL) | 测定管 | 空白管 |
|---|---|---|
| 充分混匀后,置于 37 ℃水浴箱中,保温 7.5 min | | |
| 显色终止液 | 500 μL | 500 μL |
| 蒸馏水 | 3.00 mL | 3.00 mL |

再充分混匀后,在波长 620 nm 处,以蒸馏水调零,分别读取各管吸光度。

用空白管溶液拟作标准液定标,测定标准管溶液和测定管溶液的吸光度,按公式计算测定结果。

## 计算

血清淀粉酶＝(空白管吸光度－测定管吸光度)/空白管吸光度×800

## 参考值范围

血清:40～180 U/L;尿液:100～1200 U/L。

## 临床意义

1. 增高。淀粉酶主要由唾液腺和胰腺分泌。流行性腮腺炎,特别是急性胰腺炎时,血和尿中的 AMS(淀粉酶)显著增高,急性胰腺炎发病后 8～12 h 血清 AMS 开始增高,12～24 h 达高峰,2～5 天下降至正常。超过 500 U/L 有意义,达 350 U/L 时应怀疑此病。而尿 AMS 于发病后 12～24 h 开始升高,下降也比血清 AMS 慢,因此,在急性胰腺炎后期测定尿 AMS 更有价值。如急性阑尾炎、肠梗阻、胰腺癌、胆石症、溃疡病穿孔及吗啡注射后等,均可见血清 AMS 增高,但常低于 500 U。

2. 降低。由于正常人血清中 AMS 主要由肝产生,故血清与尿中 AMS 同时降低主要见于肝炎、肝硬化、肝癌及急性和慢性胆囊炎等。肾功能障碍时,血清 AMS 也可降低。

## 注意事项

1. 淀粉酶活性在 400 U/L 以下时,与底物的水解量成线性,如测定管吸光度小于空白管吸光度一半时,应加大血清稀释倍数或减少稀释血清加入量,测定结果乘以稀释倍数。

2. 草酸盐、柠檬酸盐、EDTA-2Na 及氟化钠对 AMS 活性有抑制作用,肝素无抑制作用。

3. 唾液含有高浓度淀粉酶,实验时须防止带入。

4. 淀粉产品不同,其空白吸光度可有明显差异,一般空白吸光度应在 0.4 以上。

5. 缓冲淀粉溶液若出现混浊或絮状物,表示缓冲淀粉溶液受污染或变质,不能再用,应重新配制。

6. 本法亦适用于其他体液淀粉的测定,尿液先作 20 倍稀释后测定。

## 实验 6　血清肌酸激酶测定

### 实验目的

1. 了解血清肌酸激酶测定的临床意义。
2. 熟悉肌酸显色法测定血清肌酸激酶的基本原理和方法。

### 实验原理

磷酸肌酸和腺苷二磷酸(ADP)在肌酸激酶的催化下,生成肌酸和腺苷三磷酸(ATP)。以镁离子作激活剂,半胱氨酸作保护剂,肌酸与 $\alpha$-萘酚和双乙酰反应,生成红色化合物,在一定范围内,红色深浅与肌酸量成正比。

### 实验试剂

1. 混合底物。先配制以下 3 种溶液:

(1) 三羟甲基氨基甲烷(Tris)缓冲液(pH7.4)。称取 Tris 2.42 g,加 100 mL 水,0.2 mol/L 盐酸 88.8 mL,无水硫酸镁 0.34 g,调节 pH 至 7.4。室温中可保存数月。

(2) 12 mmol/L 磷酸肌酸溶液。称取磷酸肌酸钠盐 43.6 mg,加 10 mL 水,溶解后保存于 -25 ℃或冰箱冰格中,可用 1 个月左右。

(3) 4 mmol/L 腺苷二磷酸溶液。称取腺苷二磷酸钠盐 23.3 mg,加 10 mL 水,溶解后保存于 -25 ℃或冰箱冰格中,可用 1 个月左右。

临用前将上述 3 种试剂等量混合,取此混合底物 9 mL,加入盐酸半胱氨酸 31.5 mg,调节 pH 至 7.4,此混合底物宜新鲜配制,出现结晶就不宜使用。

2. 0.15 mol/L 氢氧化钡溶液。溶解氢氧化钡(八水合物)5.0 g 于 100 mL 水中。

3. 50 g/L 硫酸锌。溶解硫酸锌 5.0 g 于 100 mL 水中。

4. 双乙酰溶液。先配成 1% 水溶液,冰箱保存可用数月,临用时加水稀释 20 倍。

5. 贮存碱溶液。称取氢氧化钠 30 g,无水碳酸钠 64 g,加水至 500 mL,室温低时会析出沉淀,此时应在 37 ℃溶解后再使用。

6. α-萘酚溶液。称取 α-萘酚 1 g,用上述贮存碱溶液稀释至 100 mL。此液必须新鲜配制,否则空白管吸光度增高。

7. 1.7 mmol/L 肌酸标准液。准确称取无水肌酸 22.3 mg,加水至 100 mL。在冰箱中保存可用数月。

## 实验仪器

离心机、分光光度计、微量移液器、吸头、刻度吸量管、恒温水浴锅、试管等。

## 实验操作

1. 取 4 支试管,分别标明空白管、标准管、对照管和测定管。
2. 按表 5-11 进行操作。

表 5-11　血清肌酸激酶测定步骤

| 加入物(mL) | 空白管 | 标准管 | 对照管 | 测定管 |
| --- | --- | --- | --- | --- |
| 血清 | — | — | 0.1 | 0.1 |
| 1.7 mmol/L 肌酸标准溶液 | — | 0.1 | — | — |
| 蒸馏水 | 0.1 | — | 0.75 | — |
| 混合底物溶液 | 0.75 | 0.75 | — | 0.75 |
| 混合,37 ℃水浴 30 min | | | | |
| 60 g/L Ba(OH)$_2$ 溶液 | 0.5 | 0.5 | 0.5 | 0.5 |
| 50 g/L ZnSO$_4$ 溶液 | 0.5 | 0.5 | 0.5 | 0.5 |
| 蒸馏水 | 0.5 | 0.5 | 0.5 | 0.5 |
| 充分振荡,混匀后离心(2000 r/min)10 min,另取 4 支试管继续操作 | | | | |
| 上清液 | 0.5 | 0.5 | 0.5 | 0.5 |
| α-萘酚溶液 | 1.0 | 1.0 | 1.0 | 1.0 |
| 双乙酰溶液 | 0.5 | 0.5 | 0.5 | 0.5 |
| 混合,37 ℃水浴 15～20 min | | | | |
| 蒸馏水 | 2.5 | 2.5 | 2.5 | 2.5 |

(3) 混匀,在 540 nm 波长处用空白管调零,读取各管的吸光度。

(4) 单位定义:1 mL 血清在 37 ℃与底物作用 1 h 产生 1 μmol 肌酸为 1 个 CK 活性单位,若此单位乘以 1000/60 或 16.7 可换算成国际单位(U/L)。

## 计算

$$CK \text{ 活性单位} = (A_{测定} - A_{对照})/A_{标准} \times 0.17 \times 1/0.5 \times 1/0.1$$
$$= (A_{测定} - A_{对照})/A_{标准} \times 3.4 (U/mL)$$

## 参考值

血清肌酸激酶：8～60 U/L(0.5～3.6 U)。

## 临床意义

CK 主要存在于骨骼肌和心肌细胞中，在脑组织中也有存在。正常人血浆中酶活性很低。血清中 CK 活性的变化主要见于下列情况：

1. CK 主要用于心肌梗死的诊断。心肌梗死会出现血清 CK 活性的明显变化。心肌梗死发病的早期，即发病后 2～4 h，此酶即开始升高，12～48 h 达到最高，可高达正常上限的 10～12 倍，在 2～4 天降至正常水平。此酶对诊断心肌梗死较其他的心肌酶谱 AST、LDH 的阳性率高、特异性强，是用于心肌梗死早期诊断、估计病情和判断预后的较好指标。病毒性心肌炎时，CK 也有明显升高。

2. 肌营养不良症、皮肌炎、骨骼肌损伤等也可致 CK 升高。

# 实验 7 血清乳酸脱氢酶测定

## 实验目的

1. 了解血清乳酸脱氢酶测定的临床意义。
2. 熟悉本法测定血清乳酸脱氢酶的基本原理和方法。

## 实验原理

乳酸脱氢酶催化 L-乳酸脱氢，生成丙酮酸。丙酮酸和 2,4-二硝基苯肼反应，生成丙酮酸二硝基苯肼，后者在碱性溶液中呈棕红色，其颜色深浅与丙酮酸浓度呈正比，由此计算酶活力单位。

## 实验试剂

1. 底物缓冲液（含 0.3 mol/L 乳酸锂，pH 8.8）。称取二乙醇胺 2.1 g，乳酸锂 2.9 g，加蒸馏水约 80 mL，以 1 mol/L 盐酸调节 pH 至 8.8，加水至 100 mL。

2. 11.3 mmol/L NAD⁺ 溶液。称取 NAD⁺ 15 mg（如含量为 70%，则称取 21.4 mg），溶于 2 mL 蒸馏水中，4 ℃保存至少可用 2 周。

3. 1 mmol/L 2,4-二硝基苯肼溶液。称取 2,4-二硝基苯肼溶液 198 mg，加 10 mol/L 盐酸 100 mL，待溶解后加蒸馏水至 1000 mL，置于棕色玻璃瓶，室温中保存。

4. 0.4 mol/L NaOH 溶液。

5. 0.5 mmol/L 丙酮酸标准液。准确称取丙酮酸钠 11 mg，以底物缓冲液溶解后，移入 200 mL 容量瓶中，加底物缓冲液稀释至刻度，临用前配制。

## 实验仪器

分光光度计、微量移液器、吸头、刻度吸量管、容量瓶、恒温水浴锅、试管等。

## 实验操作

1. 取 2 支试管，按表 5-12 操作。

表 5-12 血清乳酸脱氢酶测定操作步骤

| 加入物(mL) | 测定管 | 对照管 |
| --- | --- | --- |
| 血清 | 0.01 | 0.01 |
| 底物缓冲液 | 0.5 | 0.5 |
| 37 ℃水浴 5 min | | |
| NAD⁺溶液 | 0.1 | — |
| 37 ℃水浴 15 min | | |
| 2,4-二硝基苯肼溶液 | 0.5 | 0.5 |
| NAD⁺溶液 | — | 0.1 |
| 37 ℃水浴 15 min | | |
| 0.4 mol/L NaOH 溶液 | 5.0 | 5.0 |

2. 室温放置 5 min 后，于波长 440 nm 处，用蒸馏水调零，读取各管吸光度。以测定管与对照管吸光度之差查标准曲线，求活力单位。

3. 标准曲线绘制，按表 5-13 进行操作。

表 5-13 标准曲线绘制操作步骤

| 加入物(mL) | B | 1 | 2 | 3 | 4 | 5 |
| --- | --- | --- | --- | --- | --- | --- |
| 丙酮酸标准液 | 0 | 0.025 | 0.05 | 0.1 | 0.15 | 0.20 |
| 底物缓冲液 | 0.50 | 0.475 | 0.45 | 0.40 | 0.35 | 0.30 |
| 蒸馏水 | 0.11 | 0.11 | 0.11 | 0.11 | 0.11 | 0.11 |

续表

| 加入物(mL) | B | 1 | 2 | 3 | 4 | 5 |
|---|---|---|---|---|---|---|
| 2,4-二硝基苯肼溶液 | 0.50 | 0.50 | 0.50 | 0.50 | 0.50 | 0.50 |
| 置 37 ℃水浴 15 min | | | | | | |
| 0.4 mol/L NaOH溶液 | 5.0 | 5.0 | 5.0 | 5.0 | 5.0 | 5.0 |
| 相当于 LDH 活力（金氏）单位 | 0 | 125 | 250 | 500 | 750 | 1000 |

4. 室温放置 5 min 后，于波长 440 nm 处，用 B 管调零，读取各管吸光度，并与相应的酶活力单位数绘制标准曲线。

金氏单位定义：100 mL 血清 37 ℃作用 15 min，产生 1 μmol 丙酮酸为 1 个单位。

》》 参考值

血清乳酸脱氢酶：190～437 金氏单位。

》》 临床意义

乳酸脱氢酶增高主要见于心肌梗死、肝炎、肺梗死、某些恶性肿瘤、白血病等，某些肿瘤所致的胸腹水中乳酸脱氢酶活力往往也升高。目前，常用于心肌梗死、肝病和某些恶性肿瘤的辅助诊断。

# 第六章 糖类测定

## 实验 1 血清葡萄糖测定（GOD 法）

### 实验目的

1. 了解氧化酶法测定血清葡萄糖的原理。
2. 掌握血清葡萄糖的操作方法及临床意义。

### 实验原理

葡萄糖氧化酶能催化葡萄糖氧化成葡萄糖酸，并产生过氧化氢。在色原性氧受体（如联大茴香胺，4-氨基安替比林偶联酚）的存在下，过氧化物酶催化过氧化氢，氧化色素原，生成有色化合物。

$$葡萄糖 + O_2 + H_2O \xrightarrow{GOD} 葡萄糖酸 + H_2O_2$$

$$H_2O_2 + 4\text{-}氨基安替比林 + 苯酚 \xrightarrow{POD} 醌亚胺（红色） + H_2O$$

### 实验试剂

推荐应用有批号文号的优质市售试剂盒，以下试剂配制仅供参考。

1. 0.1 mol/L 磷酸盐缓冲液（pH 7.0）。溶解无水磷酸氢二钠 8.67 g 及无水磷酸二氢钾 5.3 g 于 800 mL 蒸馏水中，用 1 mol/L NaOH 溶液或 HCl 溶液调节 pH 至 7.0，然后用蒸馏水稀释至 1 L。

2. 酶试剂。取葡萄糖氧化酶 1200 U，过氧化物 1200 U，4-氨基安替比林 1 mg，叠氮钠 100 mg，加上述磷酸盐缓冲液至 80 mL 左右，调节 pH 至 7.0，加磷酸盐缓冲液至 100 mL，置于冰箱内保存，至少可稳定 3 个月。

3. 酚溶液。重蒸馏酚 100 mg 溶于 100 mL 蒸馏水中，贮存于棕色瓶中。

4. 酶酚混合剂。酶试剂及酚溶液等量混合，在冰箱内可以存放 1 个月。

5.葡萄糖标准贮存液(100 mmol/L)。称取无水葡糖糖(预先置于 80 ℃烤箱内干燥器恒重,移置于干燥器内保存)1.802g,以 12 mmol/L 苯甲酸溶解并移入 100 mL 容量瓶内,再以 12 mmol/L 苯甲酸溶液稀释至 100 mL 刻度处,放置至少 2 h 后方可应用。

6.葡萄糖标准应用液(5 mmol/L)。吸取葡萄糖标准贮存液 5 mL,置于 100 mL容量瓶中,用 12 mmol/L 苯甲酸溶液稀释至刻度,混匀。

## 实验器材

试管、记号笔、恒温水浴箱、试管架、微量加样器、分光光度计等。

## 实验操作

取 16 mm×100 mm 试管 3 支,记号后按表 6-1 进行操作。

表 6-1 血清葡萄糖测定操作步骤

| 加入物 (μL) | 测定管 | 标准管 | 空白管 |
| --- | --- | --- | --- |
| 血清标本 | 10 | — | — |
| 葡萄糖标准液 | — | 10 | — |
| 蒸馏水 | — | — | 10 |
| 葡萄糖测定液 | 1000 | 1000 | 1000 |

混匀,置 37 ℃水浴中,保温 15 min,用分光光度计在波长 505 nm 处检测吸光度,比色光径为1.0 cm,以空白管调零,分别读取标准管及测定管吸光度。

## 计算

血清葡萄糖(mmol/L)=测定管吸光度/标准管吸光度×标准液浓度

## 参考值

空腹血清葡萄糖正常值为 3.89～6.11 mmol/L(70～110 mg/dL)。

## 临床意义

血糖浓度受神经系统和激素的调节而保持相对稳定,当这些调节失去原有的相对平衡时,则出现高血糖或低血糖。

1.生理性高血糖,见于饭后 1～2 h,摄入高糖食物后,或情绪紧张,肾上腺分泌增多时。

2.病理性高血糖。

(1)内分泌腺功能障碍能障碍引起高血糖,如胰腺 β 细胞损害导致胰岛素分泌缺乏,血糖可超过正常,临床上称为糖尿病。其他内分泌疾病引起的各种对抗胰岛素的激素分泌过多也会出现高血糖。

(2)颅内压增高。颅内压增高刺激血糖中枢,如颅外伤、颅内出血、脑膜炎等。由于脱水引起的高血糖,如呕吐、腹泻和高热等,也可使血糖轻度增高。

3. 生理性低血糖,见于饥饿和剧烈运动。

4. 病理性低血糖。

(1)胰岛 $\beta$ 细胞增生或肿瘤等,使胰岛素分泌过多。

(2)对抗胰岛素的激素分泌不足,如垂体前叶机能减退、肾上腺皮质机能减退和甲状腺机能减退,使生长素、肾上腺皮质激素分泌减少。

(3)严重肝病患者,由于肝脏储存糖原及糖异生等功能低下,肝脏不能有效地调节血糖。

**附注:**尿液葡萄糖测定

己糖激酶法和葡萄糖脱氢酶法测定尿液中葡萄糖含量,最准确,特异性最好。根据测定氧消耗量(如氧电极法)的葡萄糖氧化酶法,也属可靠的方法。葡萄糖氧化酶和过氧化物酶偶联法(即 GOD-POD 法),不适合用于尿液中葡萄糖测定,因尿液中各种还原性物质(如尿酸等)含量较高,会消耗葡萄糖氧化酶反应中产生的过氧化氢,降低呈色反应,从而引起负误差。邻甲苯胺法亦是一种常规测定尿液中葡萄糖的满意方法。

## 实验 2　葡萄糖耐量实验

### 实验原理

葡萄糖耐量试验是检查人体血糖调节机能的一种方法。正常人在服用一定量葡萄糖后,血糖浓度暂时升高(一般不超过 8.88 mmol/L 或 160 mg/dL),但在 2 h 内血糖浓度又恢复到空腹水平,称为耐糖现象。在服用一定量葡萄糖后,间隔一定时间测定血糖和尿糖,观察血糖水平及有无尿糖出现,称为糖耐量试验。若因内分泌失调等因素引起糖代谢失常时,食入大量糖后,血糖浓度可急剧升高或升高极不明显,短时间内不能恢复原值者,即称为耐糖现象失常。临床上常对症状不明显的患者采用糖耐量试验来诊断有无糖代谢异常。

### 实验操作

1. 检测前三天患者可正常饮食(每天进食碳水化合物量不得少于 250 g),停用胰岛素治疗。试验前一天晚餐后即不再进食。

2.次晨空腹抽静脉血 2 mL,抗凝,并同时收集尿液标本.测定血液与尿液中的葡萄糖含量。

3.将 100 g 葡萄糖溶于 300 mL 温开水中(或以每千克体重口服葡萄糖 1.75 g,每克溶于 2.5 mL 水内)。令受验者一次服下,服后 0.5 h、1 h、2 h 各抽血 1 次,并在相同时间收集尿液标本,测定血糖及尿糖。

4.将各次测得的血糖和尿糖数值以数字或曲线报告。

## 参考值

正常人葡萄糖耐量在口服葡萄糖后 0.5~1 h 血清葡萄糖水平升高达峰值,为 7.78~8.89 mmol/L(140~160 mg/dL)。2 h 后,恢复至空腹时的血糖值,每次尿液标本中尿糖检测为阴性。

OGTT 结合 FPC 可协助诊断糖尿病相关状态:(1)血浆 FPC<7.0 mmol/L 和 2 h PG>7.8 mmol/L,<11.1 mmol/L 为糖耐量减退(IGT);(2)血浆 FPG≥6.1 mmol/L 但<7.0 mmol/L,2 h PG<7.8 mmol/L 为空腹血糖损害(IFG);(3)FPG 正常,并且 2 h PG<7.8 mmol/L 为正常糖耐量,见图 6-1。

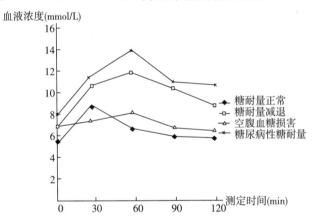

图 6-1 葡萄糖耐量曲线

## 临床意义

1.糖尿病患者空腹时血糖值往往超过正常,服糖后血糖更高,而且维持高血糖时间很长,每次尿液标本中均检出糖。

2.肾性糖尿。由于肾小管重吸收机能减低,肾糖阈下降,以致肾小球滤液中正常浓度的葡萄糖也不能完全重吸收,此时出现的糖尿,称为肾性糖尿。

3.其他内分泌疾病,如垂体前叶机能亢进时,生长激素或促肾上腺皮质激素分泌过多或患肾上腺皮质、肾上腺髓质肿瘤时,肾上腺皮质激素或肾上腺髓质激素分泌过多等,都会导致高血糖和糖尿。阿狄森病患者,因肾上腺皮质机能减退,血糖浓度较正常人低,进食大量葡萄糖后,血糖浓度升高极不明显,短时间内即可恢复原值。

4. 急性肝炎患者服用葡萄糖 0.5~1.5 h 内血糖急剧增高,超过正常。

## 实验 3　脑脊液葡萄糖测定

用于血液葡萄糖测定的邻甲苯胺法和葡萄糖氧化酶或己糖激酶等酶法均适用于脑脊液葡萄糖测定。但由于脑脊液中的葡萄糖含量较低,为血液葡萄糖含量的 50%~80%,为了提高测定的敏感度,可将标本用量加倍,最后将计算出的结果除以 2。

注意:脑脊液标本应在抽出后迅速送检,若要保存较长时间,也应采用血糖抗凝管。

### 参考值

儿童:2.8~4.5 mmol/L(50~80 mg/dL)。
成人:2.5~4.5 mmol/L(45~80 mg/dL)。

### 临床意义

脑脊液中葡萄糖的测定常用于细菌性肺膜炎与病毒性脑膜炎的鉴别诊断。化脓性或结核性脑膜炎时,葡萄糖被感染的细菌所分解而浓度降低。病毒性感染时,脑脊液葡萄糖含量正常。糖尿病及某些脑炎患者脑脊液葡萄糖可见增高。

## 实验 4　全血乳酸分光光度法测定

### 实验原理

在 $NAD^+$ 存在下,LDH 催化乳酸,氧化成丙酮酸。加入硫酸肼捕获产物丙酮酸,并促进反应完成。反应完成后生成的 NADH 与乳酸为等摩尔,在 340 nm 波长处测定 NADH 的量,计算乳酸的含量。

## 实验试剂

1. 50 g/L 偏磷酸(MPA)。称取 50 g MPA,溶于蒸馏水中,并稀释到 100 mL,新鲜配制。

2. 30 g/L 偏磷酸(MPA)。称取 30 g MPA,溶于蒸馏水中,并稀释到 100 mL,新鲜配制。

3. Tris-硫酸肼缓冲液,pH 9.6(Tris 79 mmol/L;硫酸肼 400 mol/L)。取 1 mol/L NaOH 溶液 350 mL,加入 Tris 4.79 g,硫酸肼 26 g,EDTA-2Na 0.93 g,以 1 mol/L NaOH 溶液调 pH 至 9.6,用蒸馏水稀释到 500 mL,4 ℃保存可稳定 8 天。

4. 27 mol/L $NAM^+$ 溶液。根据需要量称取 $NAM^+$ 溶于蒸馏水中,4 ℃可稳定 8 天。

5. LDH 溶液。取 LDH 原液,用生理盐水稀释成 1500 U/mL。若用 Sigma 型 LDH 该制品从牛心提取,每毫升含 10 mg 蛋白,每毫克蛋白具有 LDH 活性 400~600 U,用盐水稀释成 3 mg/mL 蛋白即可,如按东部战区总医院(原南京军区总医院)检验科报道方法,约为 1600 U/mL,不稀释直接使用。

6. 1 mol/L(9.08 mg/dl)乳酸的标准液。精确称取 L-乳酸锂 9.6 mg(或 D-L-乳酸锂 19.2 mg),以少量蒸馏水溶解,加入 25 μL 浓硫酸,用蒸馏水稀释至 100 mL,4 ℃可稳定长期地保存。

## 实验器材

试管、微量加样器、恒温水浴箱、分光光度计等。

## 标本采样与处理

下列措施是防止采取标本时及采取后血液乳酸及丙酮酸发生变化。

1. 应在空腹和休息状态下抽血。抽血时不用止血带,不可用力握拳。若要用止血带,不可在穿刺后除去止血带,至少等待 2 min 后再抽血。最好用肝素化的注射器抽血,抽取后立即注入预先称量的含冰冷蛋白沉淀剂的试管中。如用血浆测定,每毫升血用 10 mg 氟化钠及 2 mg 草酸钾抗凝,立即冷却标本,并在 15 min 内离心。

2. 抽血前将试管编号,称重($W_t$)并记录。加入 6 mL MPA(50 g/L),再称重($W_m$)后,放入冰浴中,每份标本最好作双管分析。抽血后,立即注入上述试管中,每管 2 mL。颠倒混合 3 次,不可产生气泡。待试管温度与室温平衡后,再称重($W_b$),静置至少 15 min 后,离心沉淀(4000 r/min,15 min)。上清液必须为澄清。

3. 计算稀释因素 $D$。

$$D=(W_b-W_t)/(W_b-W_m)$$

按表 6-2 进行操作。

表 6-2　全血乳糖测定操作步骤

| 加入物(mL) | 测定管 | 标准管 | 空白管 |
| --- | --- | --- | --- |
| Tris-硫酸肼缓冲液 | 2.0 | 2.0 | 2.0 |
| 无蛋白上清液 | 0.1 | — | — |
| 乳酸标准液 | — | 0.1 | — |
| 偏磷酸溶液(30 g/L) | — | — | 0.1 |
| 各管混匀 | | | |
| LDH 溶液 | 0.03 | 0.03 | 0.03 |
| $NAD^+$ 溶液 | 0.02 | 0.02 | 0.02 |

混匀，置室温 15 min 后，用分光光度计在 340 nm 波长处测量吸光度，以空白调零，读取各管吸光度。

## 计算

1. 乳酸(mmol/L)＝测定管吸光度/标准管吸光度×1.0×$D$

乳酸 mg/dL＝乳酸 mmol/L×9.08

2. 也可根据 NADH 的毫摩尔吸光度按下式计算：

乳酸(mmol/L)＝测定管吸光度×2.33/6.22×$D$/0.1

其中，2.33 为反应液的总体积(mL)；6.22 为 NADH 的毫摩尔吸光度；0.1 为上清液体积(mL)。

## 参考值

全血乳酸为 0.5～1.7 mmol/L(5～15 mg/dL)。血浆中乳酸含量约比全血中含量高 7%。脑脊液乳酸含量与全血接近，但中枢神经系统疾病时可独立改变。24 h 尿液排出乳酸量为 5.5～22 mmol。

附注：

1. 偏磷酸一般是由偏磷酸($HPO_3$)及偏磷酸钠($NaPO_3$)组成的易变混合物。偏磷酸在水溶液中形成各种多聚体($HPO_3$)。氢离子催化此多聚体，水化成正磷酸($HPO_3 + H_2O \rightarrow H_3PO_4$)。正磷酸溶液沉淀蛋白的能力在 4 ℃时仅能维持大约 1 周。

2. 本法线性范围达 5.6 mmol/L(50 mg/dL)。

3. 本法不用过氯酸作蛋白质沉淀剂。过氯酸不能沉淀黏蛋白，干扰丙酮酸的酶法测定(若需用同一滤液作丙酮酸测定),使 LDH 的酶促反应变慢。

4. 一般乳酸锂未标明 L-或 DL-者,均为 DL-型,L-型乳酸锂价格昂贵。

## 临床意义

组织严重缺氧可导致三羧酸循环中丙酮酸需氧氧化的障碍,丙酮酸还原成乳酸的酵解作用增强,血中乳酸与丙酮酸比值增高及乳酸增加,甚至高达 25 mmol/L。这种极值的出现标志着细胞氧化过程的恶化,并与显著的呼吸增强、虚弱、疲劳、恍惚及最后昏迷相联系。即使酸中毒及低氧血症已得到处理,此种高乳酸血症常为不可逆的。见于休克的不可逆期、无酮中毒的糖尿病昏迷和各种疾病的终末期。

在休克、心失代偿、血液病和肺功能不全时,常见的低氧血症同时有高乳酸血症,在低氧血症及原发条件处理后常是可逆的。在肝脏灌流量降低的病例,乳酸由肝的移除显著降低,亦会出现乳酸酸中毒。

# 第七章 血脂、脂蛋白类测定

## 实验1 血清总胆固醇(TC)测定(CHOD-PAP法)

### 实验目的

1. 熟悉胆固醇测定的实验原理。
2. 了解胆固醇测定的方法。
3. 掌握胆固醇测定的临床意义。

### 实验原理

胆固醇酯和水在胆固醇酯酶的作用下生成胆固醇和游离脂肪酸。胆固醇和氧在胆固醇氧化酶的作用下生成4-胆甾烯酮和过氧化氢,过氧化氢再和4-氨基氨替比林、酚在过氧化物酶的作用下生成红色的醌亚胺。其反应如下:

$$胆固醇酯 + H_2O \xrightarrow{CEH} 胆固醇 + 游离脂肪酸$$

$$胆固醇 + O_2 \xrightarrow{CHOD} 4\text{-}胆甾烯酮 + H_2O_2$$

$$2H_2O_2 + 4\text{-}氨基安替比林 + 酚 \xrightarrow{POD} 醌亚胺(红色) + 4H_2O$$

胆固醇测定法的试剂中,除上述3种酶、酚和4-氨基氨替比林外,还有维持pH恒定的缓冲剂、胆酸钠、表面活性剂以及稳定剂等。胆酸钠的作用是提高胆固醇酯酶的活性,表面活性剂的作用是促进胆固醇从脂蛋白中释放出来。

### 实验试剂

可直接配制试剂,但现在多用市售的试剂盒,试剂盒方便、实用,既适用于手工操作,也适用于自动分析仪。本实验的试剂及操作方法是根据宁波慈城生化试剂厂生产的胆固醇试剂盒中的说明书操作的(如用其他试剂盒,则按包装内说明书操作和使用),试剂盒中包括：

1. 缓冲液 2 瓶：90 mL×2。
2. 酶溶液 2 瓶：10 mL×2。

工作液：临用时按需要量将试剂 1 和 2 按 9:1 的比例混匀即成，其他工作液置 4 ℃冰箱 1 周内稳定。

3. 标准胆固醇液 1 支：1 mL，浓度为 4.09 mmol/L(100 mg/dL)。试剂的批次不一样，标准浓度可能会有差异，以说明书为准。

## 实验器材

试管、微量加样器、恒温水浴箱、分光光度计等。

## 操作步骤

取试管 3 支，编号后按表 7-1 依次操作。

表 7-1　血清总胆固醇测定操作

| 加入物 | 测定管 | 标准管 | 空白管 |
| --- | --- | --- | --- |
| 血清($\mu$L) | 20 | — | — |
| 胆固醇标准液($\mu$L) | — | 20 | — |
| 蒸馏水($\mu$L) | — | — | 20 |
| 胆固醇工作液(mL) | 2.0 | 2.0 | 2.0 |

各管混匀后，37 ℃水浴 5 min。取出后以空白调零，在 546 nm 波长处比色。

## 计算

胆固醇浓度(mmol/L) = $A_{测定管}/A_{标准管}$ × 标准液浓度(mmol/L)

## 参考范围

正常人静脉空腹血清胆固醇浓度为 2.6～6.5 mmol/L。

## 注意事项

1. 测定标本要求空腹抽血。
2. 酶法测定胆固醇的前两步反应特异性高，而指示反应(第三步反应)特异性则较差，干扰反应往往发生在指示反应。溶血标本、黄疸标本及高血脂标本均不影响测定结果，但血液中一些还原性物质，如维生素 C、谷胱甘肽及左旋多巴等，可与色原性氧受体竞争 $H_2O_2$，使结果出现偏差。
3. 胆固醇酯酶对胆固醇酯的水解不完全，造成结果偏低。

### 临床意义

1. TC 增高。常见于动脉粥样硬化、肾病综合征、原发性高脂血症，如家族型高胆固醇血症、糖尿病、胆总管阻塞患者。其他疾病，如肥大性关节炎、老年性白内障和牛皮癣等患者血清胆固醇也有增高。

2. TC 降低。低脂蛋白血症、贫血、甲状腺功能亢进、肝脏疾病、严重的感染和营养不良情况下，胆固醇总量常降低。

## 实验 2　血清三酰甘油(TG)测定 (乙酰丙酮显色法)

### 实验目的

1. 掌握血清三酰甘油测定的临床意义及其正常值。
2. 熟悉本法测定血清三酰甘油的原理和方法。
3. 了解血清三酰甘油测定的注意事项。

### 实验原理

血清三酰甘油(TG)经过正庚烷-异丙醇混合溶剂分溶抽提，用氢氧化钾皂化抽提液中的三酰甘油，释放生成甘油，在过碘酸的作用下甘油被氧化为甲醛。当有铵离子存在时，甲醛和乙酰丙酮发生缩合反应，生成带荧光的黄色物质，即 3,5-二乙酰-1,4 二氢二甲基吡啶，反应液的颜色深浅与血清三酰甘油浓度成正比，与同样处理的标准管进行比色，即可计算出血清三酰甘油的含量。

$$TG + 3H_2O \xrightarrow{LPL} 甘油 + 3ROOH$$

$$甘油 + ATP \xrightarrow{GK} G\text{-}3\text{-}P + ADP$$

$$G\text{-}3\text{-}P + O_2 \xrightarrow{GPO} 磷酸二羟丙酮 + H_2O_2$$

$$H_2O_2 + 4\text{-}氨基安替比林 + 4\text{-}氯酚 \xrightarrow{POD} 醌亚胺(红色) + 2H_2O + HCl$$

### 实验试剂

1. 抽提液。正庚烷和异丙醇以 4:7(V/V) 比例混合均匀。
2. 40 mmol/L $H_2SO_4$ 溶液。浓硫酸 2.24 mL，加蒸馏水稀释至 1000 mL。
3. 皂化剂。称取 KOH 6.0 g 溶于蒸馏水 60 mL 中，再加异丙醇 40 mL，混匀后,置于棕色瓶中室温保存。

4. 过碘酸试剂。称取过碘酸钠 0.65 g,溶于蒸馏水 50 mL 中,再加入无水醋酸铵 7.7 g,溶解后加入冰醋酸 6 mL,最后加蒸馏水至 100 mL,置于棕色瓶中室温保存。

5. 显色剂。取乙酰丙酮 0.4 mL,加到异丙酮 100 mL 中,混匀后置于棕色瓶中室温保存。

6. 2.26 mmol/L 三酰甘油标准液。准确称取三酰甘油 200 mg,溶于抽提剂,以 100 mL 容量瓶定容,分装后置于 4 ℃冰箱保存。

### 实验器材

微量加样器、刻度吸量管、试管、恒温水浴箱、分光光度计、记号笔等。

### 实验操作

1. 抽提:取干净试管 3 支,记号后按表 7-2 依次加入各种试剂。

表 7-2  血清三酰甘油的抽提

| 加入物(mL) | 空白管 | 标准管 | 测定管 |
| --- | --- | --- | --- |
| 血清 | — | — | 0.2 |
| 标准液 | — | 0.2 | — |
| 蒸馏水 | 0.2 | — | — |
| 抽提剂 | 2.5 | 2.5 | 2.5 |
| 40 mmol/L $H_2SO_4$ | 0.5 | 0.5 | 0.5 |

边加边摇,使之充分混匀,使蛋白质不会产生凝结。试剂加完后剧烈振荡 30 s,静置分层。

2. 皂化:分别取 3 支干净的试管,记号后按 7-3 操作。

表 7-3  血清三酰甘油的皂化

| 加入物(mL) | 空白管 | 标准管 | 测定管 |
| --- | --- | --- | --- |
| 上清液 | 0.5 | 0.5 | 0.5 |
| 1.0 mol/L KOH | 1.0 | 1.0 | 1.0 |

加入皂化剂后充分混匀各管,于 65 ℃水浴保温 5 min。

3. 氧化显色:取干净试管 3 支,记号后按表 7-4 操作。

表 7-4 血清三酰甘油的氧化

| 加入物(mL) | 空白管 | 标准管 | 测定管 |
|---|---|---|---|
| 过碘酸试剂 | 2.0 | 2.0 | 2.0 |
| 乙酰丙酮 | 2.0 | 2.0 | 2.0 |

加试剂后充分混匀,置 65 ℃水浴保温 15 min,取出冷却,用分光光度计比色,于 415 nm 波长处,以空白管调零,测出各管的吸光度。

## 计算

血清三酰甘油(mmol/L)＝测定管吸光度÷标准管吸光度×标准液的浓度

参考值范围:血清三酰甘油为 0.55～1.70 mmol/L;临界阈值为 2.30 mmol/L;危险阈值为 4.50 mmol/L;胰腺炎高危为 11.3 mmol/L。

## 临床意义

1. 血清 TG 增高。常见于动脉粥样硬化、原发性三酰甘油增高症、家族性脂类代谢紊乱、急性胰腺炎、肾病综合征、糖尿病、甲状腺功能减退、糖原积累病、胆管梗死等。

2. 血清 TG 降低。比较少见,甲状腺功能亢进、慢性阻塞性肺疾患、脑梗死、营养不良和消化吸收不良综合征等可引起血清三酰甘油的降低。

## 注意事项

1. 血清三酰甘油易受饮食的影响,因此要求空腹 12 h 后再进行采血,并要求 72 h 内不饮酒,否则会使检测结果偏高。

2. 皂化、氧化、显色的时间和温度等对吸光度会产生影响,应严格控制实验条件;显色后随时间延长吸光度会有一定量的增高,故加样后要立即比色。

3. 用异丙酮提取三酰甘油,振摇十分重要,最好用振摇混合器。

4. 当异丙酮与正庚烷分层后,小心吸取上清液,注意不要吸到下层混浊;本方法所用试剂较稳定,在室温下可保存半年。

5. 三酰甘油在 3.9 mmol/L 以下时,浓度与吸光度呈线性关系,当大于 3.39 mmol/L 时,应减少标本的用量。

# 实验3 血清高密度脂蛋白胆固醇（HDL-C）测定

## 实验目的

1. 掌握 HDL 在脂类代谢中的功能。
2. 熟悉磷钨酸-镁沉淀法测定血清 HDL-C 的原理和操作技术。
3. 了解 HDL-C 测定的临床意义。

## 实验原理

血清中 25% 的胆固醇是以 HDL-C 的形式存在的，测 HDL-C 含量，能反映出 HDL 的水平。HDL 主要在肝脏合成，其主要功能是将外周组织中的胆固醇运到肝脏处理。因 HDL 能促进外周组织中胆固醇的清除，所以是一种抗动脉粥样硬化的脂蛋白，是冠心病的保护因素，故又称"抗动脉粥样硬化因子"和"冠心病的保护因子"。当血清 HDL 水平降低时，即可作为早期冠心病危险的指示信号。测定血清 HDL 水平有助于了解机体防御动脉粥样硬化的能力。

磷钨酸-镁沉淀法的原理是根据正常人空腹血清中含有极低密度脂蛋白（VLDL）、低密度脂蛋白（LDL）和高密度脂蛋白（HDL）。通过向血清加入含 $Mg^{2+}$ 的磷钨酸溶液后，可以使 VLDL 和 LDL 沉淀下来，而 HDL 仍留在离心后的上清液中，这样使 HDL 和其他脂蛋白分离开。由于 HDL 中含有一定量的胆固醇，即可以用酶促反应方法进行测定。酶法测定具有高度的专一性和稳定性。经过一系列酶促反应后，最终产物为红色醌亚胺化合物，颜色深浅与测定样品中总胆固醇浓度成正比，因此可用比色法进行含量测定。

## 实验试剂

1. 沉淀剂。称取磷钨酸钠 0.44 g 和氯化镁（$MgCl_2 \cdot 6H_2O$）1.10 g，溶于 80 mL 蒸馏水中，以 1.0 mol/L NaOH 溶液（约 1.5 mL）调 pH 至 6.15，再加蒸馏水定容至 100 mL。此试剂可稳定 1 年。
2. 胆固醇测定酶试剂及胆固醇标准溶液同血清总胆固醇测定。

## 实验仪器

离心机、分光光度计、旋涡混合器、微量移液器、吸头、刻度吸量管、恒温水浴锅、小试管等。

### 实验操作

1. HDL-C 的分离。取血清和沉淀剂各 0.2 mL，充分混匀，置于室温下放置 15 min 后，3000 r/min 离心 15 min，取上清液做 HDL-C 测定。

2. 酶促反应法测定胆固醇。取小试管 3 支，分别标明测定管(U)、标准管(S)和空白管(B)，然后按表 7-5 进行操作。

表 7-5　酶促反应法测定胆固醇

| 试剂(mL) | 测定管 | 标准管 | 空白管 |
| --- | --- | --- | --- |
| 上清液 | 0.05 | — | — |
| 胆固醇标准液 | — | 0.05 | — |
| 蒸馏水 | — | — | 0.05 |
| 工作液 | 2.0 | 2.0 | 2.0 |

3. 将各管内容物充分混匀后，置 37 ℃ 水浴 10 min，然后以空白管调零，在 500 nm 波长处比色，分别读取标准管和测定管吸光度。

4. 结果计算

HDL-C(mmol/L) ＝ $A_{测定}/A_{标准}$ × 胆固醇标准溶液浓度 × 2

### 注意事项

1. 使用空腹血标本。

2. 向血清中加入沉淀后，至少要放置 15 min，以便 HDL 和其他脂蛋白分离完全。

3. 沉淀后的上清必须澄清，在血清严重浑浊时，LDL 与 VLDL 不易沉淀完全，此时可用生理盐水将血清做成 1∶1 稀释后进行沉淀，测得的结果乘以 2。

4. 加入沉淀剂后，必须在 4 h 内完成胆固醇测定。

### 参考范围

血清 HDL-C 成年男性为 1.16～1.42 mmol/L(45～55 mg/dL)，女性较高，多为 1.29～1.55 mmol/L(50～60 mg/dL)。正常人 HDL-C 占 TC 的 25%～30%。

### 临床意义

流行病学表明，高密度脂蛋白(HDL)与冠心病呈负相关，测定 HDL-C 可反映 HDL 的水平。HDL-C 低于 0.9 mmol/L 是冠心病危险因素，HDL-C 增高(大于 1.55 mmol/L)被认为是冠心病的"负"危险因素。

1. 下降。HDL-C 下降多见于脑血管病、糖尿病、肝炎、肝硬化等病人;高甘油三酯血症往往伴有低 HDL-C;肥胖者 HDL-C 多偏低;吸烟可使 HDL-C 下降。

2. 升高。饮酒和长期体力活动会使 HDL-C 升高。

# 实验 4　血清低密度脂蛋白胆固醇（LDL-C)测定

## 实验目的

1. 了解 LDL-C 测定的临床意义。
2. 熟悉聚乙烯硫酸盐沉淀法测定血清中 LDL-C 的原理和操作技术。

## 实验原理

空腹血清中主要含有 HDL、LDL、VLDL,用聚乙烯硫酸盐沉淀 LDL,上清液中含有 VLDL 和 HDL;同时测定血清和上清液中的胆固醇含量,以总胆固醇减去上清液中的胆固醇含量即为血清 LDL 中的胆固醇含量。胆固醇的测定同酶法测定胆固醇含量。

## 实验用品

### (一)器材

离心机、分光光度计、微量移液器、吸头、刻度吸量管、恒温水浴锅、试管等。

### (二)试剂

1. 沉淀剂。取聚乙烯硫酸钾盐 700 mg,聚乙二醇单甲醚 160 mL,EDTA-2Na·$2H_2O$ 1.86 g,溶于 1000 mL 去离子水中。
2. 胆固醇测定酶试剂及胆固醇标准溶液同血清总胆固醇测定。

## 实验操作

1. 沉淀。取一支试管,加入血清 0.2 mL,沉淀剂 0.1 mL,混匀后室温下放置 15 min,以 3000 r/min 的速度离心 15 min。
2. 酶促反应法测定胆固醇。取上清液与血清同时测定胆固醇,准备 4 支试管,测定管 1、测定管 2、标准管和空白管,然后按表 7-6 进行操作。

表 7-6  酶促反应法测定胆固醇

| 加入物(mL) | 测定管 1 | 测定管 2 | 标准管 | 空白管 |
|---|---|---|---|---|
| 血清 | 0.03 | — | — | — |
| 上清液 | — | 0.03 | — | — |
| 胆固醇标准溶液 | — | — | 0.03 | — |
| 蒸馏水 | — | — | — | 0.03 |
| 酶工作液 | 2 | 2 | 2 | 2 |

3. 将各管内容物充分混匀后,置 37 ℃水浴 10 min,然后以空白管调零,在 500 nm 波长处比色,分别读取各管吸光度。

4. 结果计算

总胆固醇浓度(mmol/L)＝$A_1/A_{标准}$×标准溶液浓度

上清液中胆固醇浓度(mmol/L)＝$A_2/A_{标准}$×标准溶液浓度

血清 LDL-C(mmol/L)＝TC－上层血清胆固醇

### ▶▶▶ 参考范围

血清 LDL-C 水平随年龄上升,中老年人平均为 2.7～3.1 mmol/L(105～120 mg/dL)。一般以 3.36 mmol/L(130 mg/dL) 以下为合适水平,4.14 mmol/L(160 mg/dL) 以上为危险水平,3.36～4.1 mmol/L 之间为边缘或轻度危险(指的是动脉粥样硬化发生潜在危险性)。

### ▶▶▶ 临床意义

目前以血清 LDL 中胆固醇含量(LDL-C)为定量 LDL 的依据,LDL-C 水平与 TC 一样,是判断高脂血症、预防动脉粥样硬化的重要指标。

1. LDL 增多。LDL 增多主要是胆固醇增多并可伴有三酰甘油增高,临床上多表现为高脂蛋白血症。可见于饮食中富含胆固醇和饱和脂肪酸、低甲状腺素血症、肾病综合征、慢性肾衰竭、糖尿病、神经性厌食以及妊娠等。

2. LDL 降低。LDL 降低可见于营养不良、肠吸收不良、慢性贫血、骨髓瘤、急性心肌梗死、创伤、高甲状腺素血症等。

### ▶▶▶ 注意事项

1. 使用空腹血标本。

2. 向血清中加入沉淀后,至少要放置 15 min,以便 HDL 和其他脂蛋白分离完全。

3. 沉淀后的上清必须澄清,在血清严重浑浊时,LDL 与 VLDL 不易沉淀完全,此时可用生理盐水将血清做成 1∶1 稀释后进行沉淀,测得的结果乘以 2。

4. 加入沉淀剂后,必须在 4 h 内完成胆固醇测定。

# 第八章 无机离子类测定

## 实验 1 血清钾、钠、氯、钙测定（电极法）

### 》》 实验目的

1. 了解血清钾、钠、氯、钙测定的临床意义。
2. 熟悉血清钾、钠、氯、钙测定的原理和操作技术。

### 》》 实验原理

XR2000 电解质分析仪采用先进的离子选择性电极测量技术,它的测量原理建立在离子选择性电极的 Nernst 响应基础上,被测离子活度（浓度）与电极电位之间的关系可用 Nernst 公式表示：

$$E=E^{\ominus}+(RT/nF)\times \ln(\alpha_x)$$

式中：

$E$ 为离子选择电极在测量溶液中的电位

$E^{\ominus}$ 为离子选择电极的标准电极电位

$R$ 为气体常数[8.314 J/(k·mol)]

$T$ 为绝对温度[$T(k)=273+t(℃)$]

$F$ 为法拉第常数（96487 C/mol）

$\alpha_x$ 为溶液中被测离子的活度

$n$ 为电极反应中电子转移数

从 Nernst 公式可以看出,在一定的实验条件下,电极电位与被测离子浓度的对数呈线性关系。因此,只要通过测量电极电位,就可以求得被测离子的浓度。

### 》》 标本采集

1. 静脉采血。一般从肘静脉取血,使用止血带的时间不超过 1 min,否则易溶血。对不符合的标本应重新采取。

2. 要迅速分离血清,尽早测试,因时间长会影响测试结果。

3. 采血管的要求。要求使用一次性无菌注射器。一人一管,用后毁形,用 500 mg/L 有效氯消毒浸泡 30 min 后焚烧,做好登记。

### 实验试剂

1. 试剂组成(深圳欣瑞佳科技有限公司)。

A 标准液

$K^+$ 8.00 mmol/L

$Na^+$ 110.0 mmol/L

$Cl^-$ 70.0 mmol/L

$Ca^{2+}$ 2.00 mmol/L

B 标准液

$K^+$ 4.00 mmol/L

$Na^+$ 140.0 mmol/L

$Cl^-$ 100.0 mmol/L

$Ca^{2+}$ 1.00 mmol/L

2. 保养电极试剂。参比电极内充液 $1 \times 10$ mL;电极内充液 $1 \times 10$ mL;电极洁洗液 1 瓶;质控分析液 1 瓶;活化液 1 瓶。

3. 试剂贮存与稳定性。试剂在 2~10 ℃保存,可稳定至瓶签所示失效日期。

### 实验仪器

深圳欣瑞佳电解质分析仪 XR2000。

### 实验操作

1. 打开仪器开关,仪器显示系统自检,进入系统冲洗。系统冲洗时依次吸入 A 标准液、B 标准液对各自流路进行清洗,排除管道里气泡。

2. 系统冲洗完毕,仪器显示标定 B 标 3 次,A 标 2 次,如误差不超过设定值,说明仪器工作正常进入操作主菜单。

3. 选定"分析血样"菜单后,按确认屏幕显示病人号 XXX 1 s 后显示"请掀起吸样手柄!",选择"是"即测量。掀起吸样手柄后,当血样插入吸样钢针后,按"确认"键,仪器自动吸取样本,吸入样本达到设定计量时,仪器自动发出蜂鸣声,并显示"移开病人样本",这时样本将准确地移入电极内进行测量,屏幕显示"请压下吸样手柄测量!",大约 30 s 后,仪器显示出钾、钠、氯、钙的浓度值,同时打印机可自动打印出此次的测量结果,并自动完成管道和电极的清洗,如不再测量样本,按"∨"键选择"否",再按"确认"键,程序返回主菜单。

### 参考范围

K:3.50~5.30 mmol/L

Na：135.0～145.0 mmol/L

Cl：96.0～109.0 mmol/L

$iC_a^{2+}$（离子钙）：1.10～1.30 mmol/L

Tca（总钙）：2.10～2.90 mmol/L

### 临床意义

1. 钾：肾功能不全、食入或注射大量钾盐、严重溶血或组织损伤、组织缺氧、药物（保钾性利尿剂、青霉素G钾盐、先锋霉素等）。

呕吐、腹泻、糖尿病酸中毒、药物（速尿、利尿酸）。

2. 钠：肾皮质功能亢进、脑外伤、脑血管意外等。

呕吐、腹泻、尿毒症、大面积烧伤、出汗过多、长期低盐饮食。

3. 氯：急性或慢性肾功能不全、摄入食盐过多或静脉输入过量氯化钠溶液等。

严重呕吐、腹泻、长期应用利尿剂、大量出汗、摄入食盐过少等。

4. 钙：骨质疏松、多发性骨髓瘤、骨折。

佝偻病、尿毒症、代谢性碱中毒、维生素D缺乏症等。

### 临床危急值

钾：<3.5 mmol/L 或 >5.6 mmol/L。

钠：<120 mmol/L 或 >160 mmol/L。

氯：<80 mmol/L 或 >115 mmol/L。

钙：<1.6 mmol/L 或 >3.5 mmol/L。

## 实验2　血清总钙测定

### 实验目的

1. 掌握甲基麝香草酚蓝比色法测定血清钙的原理。
2. 熟悉总钙和离子钙的关系。

### 血钙概述

钙是体内含量最多的无机盐，占体重的1.5%～2%，总量为700～1400 g。99%以上的钙沉积于骨骼、牙齿。骨骼是钙的最大储备库。

## 实验原理

MTB 比色法：血清中钙离子在碱性溶液中与甲基麝香草酚蓝（MTB）结合，生成蓝色的络合物。加入适当的 8-羟基喹啉，可消除镁离子对测定的干扰，与同样处理的钙标准液进行比较，以求得血清总钙的含量。

甲基麝香草酚蓝线性范围：0～3.75 mmol/L。

（超过时，用生理盐水 5 倍或 10 倍稀释后再测定，结果乘以稀释倍数）

单位换算：1 mmol/L 血清钙＝4.0 mg/dL。

## 实验试剂

试剂 1（显色剂）

| | |
|---|---|
| 甲基麝香草酚蓝 | 0.12 mmol/L |
| 聚乙烯吡咯烷酮 | 0.10 mmol/L |
| 8-羟基喹啉 | 13.8 mmol/L |
| 浓硫酸 | 25.5 mmol/L |

试剂 2（缓冲液）

| | |
|---|---|
| 二乙胺 | 0.72 mmol/L |

显色应用液

临用前，根据样本的多少，将上述的试剂 1、2 两液等量混合。

钙标准液浓度：2.5 mmol/L。

## 实验操作

表 8-1 血清总钙测定操作

| 加入物（μL） | 测定管 | 标准管 | 空白管 |
|---|---|---|---|
| 血清 | 25 | — | — |
| 标准液 | — | 25 | — |
| 蒸馏水 | — | — | 25 |
| 应用液(mL) | 3.0 | 3.0 | 3.0 |

混匀，室温 5 min，610 nm 比色，以空白管调零，读取各管吸光度。

## 实验试剂

血清钙(mmol/L) ＝ $A_{测定管}/A_{标准管} \times 2.5$ mmol/L

### 参考范围

成人:2.08~2.60 mmol/L(8.3~10.4 mg/dL)。
儿童:2.23~2.80 mmol/L(8.9~11.2 mg/dL)。

### 临床意义

1. 血钙增高。见于原发性和继发性甲状旁腺功能亢进,继发性佝偻病、软骨病、慢性肾衰竭、代谢性酸中毒、维生素 D 过多。

2. 血钙降低。可引起神经肌肉应激性增强,发生手足抽搐。见于原发性和继发性甲状旁腺功能减退,维生素 D 缺乏引起的佝偻病,软骨病,吸收不良性低钙血症,急性胰腺炎,新生儿低钙血症,术后等。

### 评价

1. 反应条件容易控制,显色稳定,线性范围大。
2. 不受标本空白本底的影响,溶血和黄疸标本均对检测结果不产生干扰。
3. 本法也适合于高脂血、母乳、混浊尿液等。
4. 一般来说,总钙测定比离子钙更简便易行,但血浆总钙浓度明显受到总蛋白的影响,尤其是清蛋白的影响。清蛋白下降 10g/L 将导致总钙减少约 0.25 mmol/L。此时实际钙含量(mmol/L)=钙测定量(mmol/L)-0.025×血清清蛋白含量(g/L)+1.0
5. 本法试剂单一,操作简单,既适合手工操作,也适合各种自动化分析仪,而且灵敏度较高。

## 实验 3 血清镁测定(甲基麝香草酚蓝比色法)

### 实验目的

1. 掌握甲基麝香草酚蓝比色法测定血清镁的原理。
2. 熟悉血清镁离子的临床意义及测定方法。

### 实验原理

血清中镁离子、钙离子在碱性溶液中能与甲基麝香草酚蓝染料结合,生成蓝紫色复合物,加入 EGTA 可掩盖钙离子的干扰。

## 实验试剂

1. 碱性缓冲液。称取无水亚硫酸钠 2 g、叠氮钠 100 mg、甘氨酸 750 mg 和乙二醇双($\beta$-氨基乙醚)-N,N,N′,N′-四乙酸〔Ethyleneglycol-bis($\beta$-aminoethylether-N,N,N′,N′-tetraacetic acid,EGTA)〕90 mg 于小烧杯中,加 1 mol/L NaOH 溶液 23 mL,使其溶解后,转入 100 mL 容量瓶中,加去离子水至刻度。

2. 显色剂。精确称取甲基麝香草酚蓝(AR)20 mg 和聚乙烯吡咯烷酮(PVP)0.6 g,加入烧杯中,加 1 mol/L 盐酸溶液 10 mL,使其溶解后转入 100 mL 容量瓶中,加去离子水至刻度,混匀,置于棕色瓶中保存。

3. 显色应用液。临用前将上述 1 液和 2 液等量混合即可。

4. 镁标准液。精确称取硫酸镁($MgSO_4 \cdot 7H_2O$)0.2026 g,置于 1 L 容量瓶中,加少量去离子水溶解,再精确称取干燥碳酸钙($CaCO_3$)250 mg,置于小烧杯中,加去离子水 40 mL 及 1 mol/L 盐酸溶液 6 mL,慢慢加温至 60 ℃,使其溶解,冷却后转入上述容量瓶中,然后加去离子水至刻度,盛入塑料瓶中可长期保存,此液含镁 0.823 mmol/L(2 mg/dL)、钙 2.5 mmol/dL。

## 实验操作

取经稀盐酸处理及去离子清洗的干燥试管 3 支,标明测定管、标准管和空白管,然后按表 8-2 进行操作。

表 8-2  血清镁测定操作

| 加入物(mL) | 测定管 | 标准管 | 空白管 |
| --- | --- | --- | --- |
| 血清 | 0.1 | — | — |
| 镁标准液 | — | 0.1 | — |
| 去离子水 | — | — | 0.1 |
| 显色应用液 | 4.0 | 4.0 | 4.0 |

混匀,用分光光度计在 510 nm 波长处测定,选择 10 nm 光径比色杯,以空白管调零,读取各管吸光度。

## 计算

血清镁(mmol/L)=测定管吸光度/标准管吸光度×0.823

血清镁 mg/dL=mmol/L÷0.411

## 参考值

血清镁:0.67~1.04 mmol/L(1.64~2.52 mg/dL)。

## 临床意义

1. 血清镁增高。

(1)肾上疾病,如急性或慢性肾衰竭。

(2)内分泌疾病,如甲状腺功能减退症、甲状旁腺机能减退症、阿狄森氏病和糖尿病昏迷。

(3)多发性骨髓瘤、严重脱水症等病人的血清镁也增高。

2. 血清镁降低。

(1)镁由消化道丢失,如长期禁食、吸收不良或长期丢失胃肠液者(慢性腹泻、吸收不良综合征)、长期吸收胃液等。

(2)镁由尿路丢失,如慢性肾炎多尿期或长期用利尿剂治疗者。

(3)内分泌疾病,如甲状腺功能亢进症、糖尿病酸中毒、醛固醇增多症等,以及长期使用皮质激素治疗者。

## 注意事项

1. 溶液标本对本测定有干扰,故应避免。

2. EGTA是一种金属络合剂,在碱性条件下能络合钙而不络合镁,但浓度过高也能络合镁,故称量必须准确。

3. 在镁标准液中加入 2.5 mmol/L 钙,可避免 EGTA 对镁的络合。

4. 本法能用于自动生化分析仪终点法测定。

# 实验 4　血清锌测定(原子吸收分光光度法)

## 实验目的

1. 掌握原子吸收分光光度法测定血清锌的原理。
2. 熟悉血清锌的临床意义及测定方法。

## 实验原理

锌的空心阴影极灯发射 213.8 nm 谱线,通过火焰进入分光系统照射到检测器上。血清用去离子水稀释,吸入原子化器(火焰),锌在高温下离解成锌原子蒸气。部分发射光被蒸气中基态锌原子吸收,光吸收的量与火焰中锌离子的浓度成正比。用 50 mL/L 甘油稀释锌标准液,使其与稀释血清有相似的黏度,通过标准曲线读出血清锌的浓度。

## 实验试剂

1. 甘油液稀释液。50 mL/L(V/V)甘油。

2. 锌标准贮存液(1 g/L)。准确称取纯金属锌粒200 mg,溶于10倍稀释的硝酸20 mL内,加去离子水至200 mL。

3. 锌标准贮存液(10 mg/L)。准确吸取1g/L锌标准贮存液1 mL,加50 mL/L甘油至100 mL。

4. 锌标准应用液。分别吸取10 g/L锌标准贮存液1 mL、2 mL、3 mL、4 mL,置于4只100 mL容量瓶中,各加50 mL/L甘油至刻度,最终锌浓度分别为500 μg/L、1000 μg/L、1500 μg/L、2000 μg/L。

## 实验操作

1. 标本收集和处理。取静脉血4.0 mL,注入洁净的聚乙烯塑料试管内,迅速送检,分离血清时应避免溶血。

2. 稀释血清。吸取血清和质控血清各0.5 mL,置于聚乙烯塑料试管内,加去离子水2.0 mL,混匀,备用。

3. 仪器。调节原子吸光分光光度计至波长为213.8 nm,狭缝宽度为0.7 nm。对于空气-乙炔火焰,因使用仪器的型号较多,调节方法也不完全相同。通常按各仪器的说明书来调气压、流速、标本吸入速度和灯电流。调节灯位置,使其达到最大灵敏度。

4. 测定。

(1)吸入甘油稀释液进火焰,调基线,使吸光度为零。

(2)吸进从低浓度到高浓度的锌标准应用液,重复进样,直至读出的吸光度稳定在±0.002 A,绘制标准曲线。

(3)吸进稀释血清和稀释质控血清,读取吸光度,然后从标准曲线查取锌浓度,质控血清测定值应在靶值的±6%以内。

## 计算

锌($\mu$mol/L)=$\mu$g/L×0.00153

## 参考值

血清锌值:11.6～23.3 $\mu$mol/L(76～150 $\mu$g/dL)。

## 注意事项

1. 样品的吸入速度和火焰状态保持恒定是取得重复结果的重要环节。为了保持雾化器的清洁,要定期吸取稀盐酸清洗。燃烧头应放在非酸性清洁液浸泡,使用前彻底清洗,保持燃烧喷口的通畅和表面光滑。

2. 操作全过程都要严格防止锌污染。因橡胶制品含锌量较高,故标本不宜与橡胶制品接触。

3. 标本、去离子水、试剂应存放在聚乙烯制品的容器内,不可用玻璃容器。

4. 标本应避免溶血,及时鉴定。

## 临床意义

1. 血清锌降低。常见于酒精中毒性肝硬化、肺癌、心肌梗死、慢性感染、营养不良、恶性贫血、胃肠吸收障碍、妊娠、肾病综合征及部分慢性肾衰竭患者。儿童缺锌可出现食欲不振、嗜睡、发育停滞和性成熟延缓等现象。

2. 血清锌增高。常见于工业污染引起的急性锌中毒。

# 第九章 非蛋白含氮类化合物测定

## 实验1 血清尿酸测定(酶比色法)

### 实验目的

1. 掌握磷钨酸还原法测定血清尿酸的基本原理。
2. 掌握磷钨酸还原法测定血清尿酸的操作过程和血清尿酸的参考范围。
3. 了解无蛋白滤液制备的影响因素。

### 实验原理

无蛋白滤液中的尿酸在碱性溶液中被磷钨酸氧化生成尿囊素及二氧化碳,磷钨酸被还原为钨蓝。在 660 nm 波长下进行比色,钨蓝的吸光度与尿酸含量成正比,通过与同样处理的尿酸标准液比较,即可求得尿酸含量。

$$尿酸 + O_2 + H_2O \xrightarrow{尿素酶} 尿囊素 + CO_2 + H_2O_2$$

$$2H_2O_2 + 4-氨基安替比林 + 3,5-二氯-2-羟苯磺酸 \xrightarrow{POD}$$

$$醌亚胺(红色) + 2H_2O$$

### 实验试剂

1. 磷钨酸贮存液。称取钨酸钠 50 g,溶解于蒸馏水 400 mL 中,加浓磷酸 40 mL、玻璃珠数粒,回流 2 h,冷却至室温,用蒸馏水定容至 1 L,置于棕色瓶中保存。

2. 磷钨酸应用液。取磷钨酸贮存液 10 mL,用蒸馏水稀释至 100 mL。

3. 0.3 mol/L 钨酸钠溶液。称取钨酸钠($Na_2WO_4 \cdot 2H_2O$, $M_w$ 329.86)100 g,溶解于蒸馏水中,并定容至 1 L。

4. 0.33 mol/L 硫酸溶液。向 900 mL 蒸馏水中加入浓硫酸 18.5 mL,冷却后用蒸馏水定容至 1 L。

5. 钨酸试剂。向 800 mL 蒸馏水中加入 0.3 mol/L 钨酸钠溶液 50 mL、浓磷酸 0.05 mL、0.33 mol/L 硫酸 50 mL，混匀。室温中可稳定数月。

6. 1 mol/L $Na_2CO_3$ 溶液。称取无水碳酸钠 106 g，溶于蒸馏水中，加蒸馏水至 1 L，置塑料试剂瓶中贮存。如有混浊，可过滤后使用。

7. 6.0 mmol/L 尿酸标准贮存液。在 60 ℃溶解碳酸锂 60 mg 于蒸馏水 40 mL 中，加入尿酸（$C_5H_4O_3N_4$，$M_w$ 168.11）100.9 mg，待完全溶解后冷却至室温，移入 100 mL 容量瓶中。用蒸馏水稀释至满刻度，置于棕色瓶中保存。

8. 300 μmol/L 尿酸标准应用液。取尿酸标准贮存液 5.0 mL、乙二醇 33 mL，用蒸馏水稀释至 100 mL。

### 实验仪器

试管、离心机、微量移液器、吸量管、分光光度计等。

### 实验操作

1. 磷钨酸还原法测定血清尿酸操作步骤见表 9-1。

表 9-1 血清尿酸测定操作

| 加入物(mL) | 空白管 | 标准管 | 测定管 |
|---|---|---|---|
| 蒸馏水 | 0.5 | — | — |
| 尿酸标准应用液 | — | 0.5 | — |
| 血清 | — | — | 0.5 |
| 钨酸试剂 | 4.5 | 4.5 | 4.5 |
| 混匀，室温放置 5 min，3000 r/min 离心 5 min | | | |
| 空白管上清液 | 2.5 | — | — |
| 标准管上清液 | — | 2.5 | — |
| 测定管上清液 | — | — | 2.5 |
| $Na_2CO_3$ 溶液 | 0.5 | 0.5 | 0.5 |
| 混匀后静置 10 min | | | |
| 磷钨酸应用液 | 0.5 | 0.5 | 0.5 |

2. 混匀，静置 20 min，在 660 nm 波长下测定，以空白管调零，读取各管吸光度。

### 计算

血清尿酸($\mu$mol/L) = $A_{测定管} / A_{标准管} \times 300$

### 参考值范围

男:262~452 μmol/L。
女:137~393 μmol/L。

### 临床意义

1. 血尿酸增高。血尿酸见于痛风、急性或慢性肾小球肾炎、肾结核、肾盂积水、子痫、慢性白血病、红细胞增多症、摄入过多含核蛋白食物、尿毒症肾炎、肝脏疾患、氯仿和铅中毒、甲状腺功能减低、多发性骨髓瘤、白血病、妊娠反应、红细胞增多症等。

2. 血尿酸减低。见于恶性贫血、Fanconi 综合征、使用阿司匹林、先天性黄嘌呤氧化酶和嘌呤核苷磷酸化酶缺乏等。

# 实验 2 血清肌酐测定

### 实验目的

1. 掌握血清肌酐测定的原理。
2. 熟悉血清肌酐测定的方法。
3. 了解血清肌酐测定的意义。

### 实验原理

血清中的肌酐(Cr)与碱性苦味酸盐反应,生成黄红色的苦味酸肌酐复合物,可在 510 nm 波长处比色测定。

### 实验试剂

1. 0.04 mol/L 苦味酸溶液。苦味酸 9.3 g,溶于 500 mL 80 ℃蒸馏水中,冷却至室温,加蒸馏水至 1 L。用 0.1 mol/L NaOH 溶液滴定,以酚酞作指示剂,根据滴定结果,用蒸馏水稀释至 0.04 mol/L,贮存于棕色瓶中。

2. 0.75 mol/L NaOH 溶液。称取氢氧化钠 30 g,加蒸馏水使之溶解,冷却后用蒸馏水稀释至 1 L。

3. 35 mmol/L 钨酸溶液。

(1)向 100 mL 蒸馏水中加入 1 g 聚乙烯醇,加热助溶(不要煮沸),冷却。

(2) 向 300 mL 蒸馏水中加入 11.1 g 钨酸钠,使其完全溶解。

(3) 向 300 mL 蒸馏水中慢慢加入 2.1 mL 浓硫酸,冷却。

在 1 L 容量瓶中,将(1)液加入(2)液中,再与(3)液混匀,最后加蒸馏水至刻度,置室温中保存,至少稳定 1 年。

4. 10 mmol/L 肌酐标准贮存液。称取肌酐 113 g,用 0.1 mol/L 盐酸溶解,并移入 100 mL 容量瓶中,再以 0.1 mol/L 盐酸稀释至刻度,保存于冰箱内。

5. 10 μmol/L 肌酐标准应用液。准确吸取 10 mmol/L 肌酐标准贮存液 1.0 mL,加入 1 L 容量瓶内,以 0.1 mol/L 盐酸稀释至刻度,保存于冰箱内。

## 实验仪器

试管、微量加样器、恒温水浴箱、离心机、721E 型分光光度计等。

## 实验操作

1. 在试管中,加入血清 0.5 mL,再加入 35 mmol/L 钨酸溶液 4.5 mL,充分混匀,3000 r/min 离心 10 min,取上清,按表 9-2 操作(尿液标本用蒸馏水 1∶200 稀释)。

表 9-2  血清肌酐测定操作

| 加入物(mL) | 测定管 | 标准管 | 空白管 |
| --- | --- | --- | --- |
| 血清无蛋白滤液或稀释尿液 | 3 | — | — |
| 肌酐标准应用液 | — | 3 | — |
| 蒸馏水 | — | — | 3 |
| 0.04 mol/L 苦味酸溶液 | 1.0 | 1.0 | 1.0 |
| 0.75 mol/L NaOH 溶液 | 1.0 | 1.0 | 1.0 |

2. 充分混匀后,置于 37 ℃ 水浴箱中,保温 9 min。以空白管调零,在波长 510 nm 处测定,分别读取标准管及测定管吸光度。

3. 计算。

血清肌酐 $\mu mol/L = A_{测定}/A_{标准} \times 100$

尿液肌酐 $\mu mol/L = A_{测定}/A_{标准} \times 100 \times 200 \times 24\,h\,尿量(L)$

## 正常值范围

男:53~123 μmol/L(0.6~1.4 mg/dL);

女:44~106 μmol/L(0.5~1.2 mg/dL)。

尿液肌酐:8.84~13.3 mmol/L 24 h(1.0~1.5 g 24 h)。

## 临床意义

1. 血肌酐。体内肌肉代谢产生的肌酐释放进入血液后,则为血肌酐。血肌酐与肌酐清除率并不完全一致，肌酐清除率较血肌酐更为敏感。在肾功能减退早期（代偿期），肌酐清除率下降而血肌酐却正常。当肾小球滤过率下降到正常的50％以上时，血肌酐才开始迅速上升，因此，当血肌酐明显高于正常时，常表示肾功能已严重损害。由于肌酐清除率还受到肾小球浓缩功能的影响，在肾浓缩功能受损的情况下，血肌酐就是反映肾小球功能的最可靠指标。正常男性血肌酐为 $53\sim106\ \mu mol/L$，女性为 $44.2\sim97.2\ \mu mol/L$。

（1）血肌酐增高：见于肢端肥大症、巨人症、糖尿病、感染、进食肉类、运动、摄入药物（如维生素 C、左旋多巴和甲基多巴）、急性或慢性肾功能不全等。

（2）血肌酐减低：见于重度充血性心力衰竭、贫血、肌营养不良、白血病、素食者，以及服用雄激素、噻嗪类药等。

2. 尿肌酐。尿肌酐主要来自血液，经由肾小球过滤后随尿液排出体外，肾小管基本不吸收且排出很少。

（1）尿肌酐增高：可见于肢端肥大症、巨人症、糖尿病、感染、甲状腺功能减低、进食肉类、运动、摄入药物（如维生素 C、左旋多巴和甲基多巴）等。

（2）尿肌酐减低：可见于急性或慢性肾功能不全、重度充血性心力衰竭、甲状腺功能亢进、贫血、肌营养不良、白血病、素食者，以及服用雄激素、噻嗪类药等。

## 实验 3　血清尿素测定（二乙酰一肟法）

### 实验目的

1. 掌握血清尿素测定的临床意义。
2. 了解血清尿素测定的原理和方法。

### 实验原理

二乙酰一肟在强酸条件下分解成二乙酰，其进一步在强酸条件下与尿素缩合成红色的 4,5-二甲基-2-氧咪唑化合物，颜色深浅与尿素含量成正比，在 540 nm 波长处读取吸光度，与同样测定的尿素标准液吸光度对比，即求得血清尿素的含量。本法为 Wybenga 的不除蛋白法。

### 实验试剂

1. 酸性试剂。在 1 L 容量瓶中加入约 100 mL 水，然后加入浓硫酸 44 mL 及 85％磷酸 66 mL。冷却至温室后，加入硫胺脲 50 mg 及硫酸镉 2 g，溶解后用水稀释至 1 L,置于棕色瓶中,放入冰箱内可至少保存 6 个月。

2.二乙酰一肟试剂。称取二乙酰一肟 20 g,加入约 900 mL 水,溶解后再用水稀释至 1 L,置于棕色瓶中,放入冰箱内历可至少保存 6 个月。

3.尿素贮存标准液(20.0 mmol/L)。精确称取干燥纯尿素 120.2 mg,加水溶解后转移入 100 mL 容量瓶中,用水稀释至 100 mL。

## 实验器材

试管、容量瓶、微量加样器、恒温水浴箱、5 mL 吸量管、分光光度计、记号笔等。

## 实验操作

取 3 支试管,标明测定管(U)、标准管(S)及空白管(B),然后按表 9-3 操作。

表 9-3 血清尿素测定操作

| 加入物(mL) | 测定管 | 标准管 | 空白管 |
| --- | --- | --- | --- |
| 血清 | 0.02 | — | — |
| 尿素标准液 | — | 0.02 | — |
| 蒸馏水 | — | — | 0.02 |
| 二乙酰一肟溶液 | 0.5 | 0.5 | 0.5 |
| 酸性试剂 | 5.0 | 5.0 | 5.0 |

按顺序操作各管并混匀,置于 37 ℃ 水浴箱中 15 min,取出,冷却 5 min 后,以空白管调零,在 540 nm 波长处测定,分别读取标准管及测定管吸光度。

## 计算

尿素 mmol/L＝测定管吸光度/标准管吸光度×标准液浓度

参考值范围:正常人空腹静脉血清尿素浓度为 1.70～8.20 mmol/L。

## 临床意义

1.生理因素。高蛋白饮食引起血清尿素浓度和尿液排出量显著升高。血清尿素浓度男性比女性平均高 0.3～0.5 mmol/L,随着年龄的增加有增高的倾向。成人的日间生理变动平均为 0.63 mmol/L。妊娠妇女由于血容量增加,尿素浓度比非孕妇低。

2.病理因素。包括肾前性、肾性及肾后性 3 个方面。

(1)肾前性:主要是严重失水引起血液浓缩,肾血流量减少及肾小球滤过率降低,从而使尿素氮潴留,可见于剧烈呕吐、肠梗阻和长期腹泻。

(2)肾性:为最常见因素,可见于急性肾小球肾炎、肾衰竭、慢性肾盂肾炎及中毒性肾炎等。在肾功能不全代偿期可见尿素氮轻度升高（>8.0 mmol/L）;在肾衰竭失代偿期,尿素氮可中度升高（17.9~21.4 mmol/L）,肌酐也中度升高（442.00 μmol/L）;尿毒症时尿素氮>21.4 mmol/L,肌酐也可达1800 μmol/L,为尿毒症诊断标准之一。

(3)肾后性:如前列腺肥大、尿路结石、尿道狭窄、膀胱肿瘤等,都可能使尿路阻塞,引起血尿素氮升高。血尿素氮减少较为少见,除了妊娠、蛋白质缺乏等营养不良情况外,常表示有严重肝病和肝坏死。

# 第十章 肝功能类实验

## 实验1 血清总胆红素和结合胆红素测定
### （改良 Jendrassik-Grof 法）

### ▶▶ 实验目的

1. 掌握本法测定血清胆红素的基本原理。
2. 熟悉本法测定血清胆红素的基本操作步骤及参考值。
3. 了解临床测定血清胆红素的主要方法及意义。

### ▶▶ 实验原理

胆红素是血红素的代谢产物，正常人每天生成 250~350 mg。血清胆红素正常水平小于 1 mg/dL，其中未结合胆红素占 80%。当胆红素生成过多或当肝细胞清除胆红素的过程或胆红素的排泄发生障碍时，均可引起血中结合或未结合胆红素升高，从而引起黄疸。黄疸按原因可分为溶血性黄疸、肝细胞性黄疸和阻塞性黄疸 3 类，通过血中胆红素的测定，有助于黄疸的鉴别诊断。

目前测定血清胆红素的方法主要有重氮试剂法（包括改良 Jendrassik-Grof 法、二甲亚砜法、二氯苯重氮盐法和 2,5-二氯苯重氮四氟硼酸盐法等）、胆红素氧化酶法、钒酸盐氧化法、高效液相色谱法、导数分光光度法、经皮胆红素测定法以及直接分光光度法等。其中，改良 Jendrassik-Grof 法的灵敏度、准确性和特异性都较高，是 WHO（1978 年）推荐的方法，也是我国卫生部全国临床检验中心（1987年）推荐的方法。此外，胆红素氧化酶法和钒酸盐氧化法在临床检验中也较为常用。

血清中结合胆红素可直接与重氮试剂反应，生成紫色的偶氮胆红素；在同样条件下，未结合胆红素须有加速剂破坏胆红素氢键后才能与重氮试剂反应。咖啡因、苯甲酸钠作为加速剂，醋酸钠缓冲液可维持反应的 pH 同时兼有加速作用。

叠氮钠破坏剩余重氮试剂,终止结合胆红素测定管的偶氮反应。最后加入碱性酒石酸钠,在碱性条件下,紫色偶氮胆红素转变为蓝色偶氮胆红素,使最大吸光度由 530 nm 转移到 598 nm。此时,非胆红素的黄色色素及其他红色与棕色色素产生的吸光度可忽略不计,使测定的灵敏度和特异性增加。最后形成的绿色是由蓝色的碱性偶氮胆红素和咖啡因与对氨基苯磺酸之间形成的黄色色素混合而成。

### 实验试剂

1. 咖啡因-苯甲酸钠试剂。称取无水醋酸钠 41 g,苯甲酸钠 37.5 g,EDTA-2Na 0.5 g,溶于约 500 mL 蒸馏水中,再加入咖啡因 25 g,搅拌至完全溶解(不可加热),然后加蒸馏水稀释至 1000 mL,混匀,过滤后放置棕色试剂瓶中,室温保存可稳定 6 个月。

2. 5 g/L 亚硝酸钠溶液。称取亚硝酸钠 5.0 g,加蒸馏水溶解并稀释至 100 mL,若发现溶液呈淡黄色时,应丢弃重配。

3. 5 g/L 对氨基苯磺酸溶液。称取对氨基苯磺酸($NH_2C_6H_4SO_3H \cdot H_2O$) 5.0 g,加于约 800 mL 蒸馏水中,加浓盐酸 15 mL,待完全溶解后,加蒸馏水至 1000 mL。

4. 重氮试剂。临用前,取 5 g/L 亚硝酸钠溶液(试剂 2)0.5 mL 与 5 g/L 对氨基苯磺酸溶液(试剂 3)20 mL 混合。

5. 5 g/L 叠氮钠溶液。称取叠氮钠 0.5 g,用蒸馏水溶解并稀释至 100 mL。

6. 碱性酒石酸钠溶液。称取氢氧化钠 75 g,酒石酸钠($Na_2C_4H_4O_6 \cdot 2H_2O$) 263 g,加蒸馏水溶解并稀释至 1000 mL,混匀,置塑料瓶中,室温保存可稳定 6 个月。

7. 胆红素标准液。可购买,也可按以下方法配制。

(1)稀释血清:收集不溶血、无黄疸、清晰的血清,过滤后作为混合血清稀释剂。取过滤血清 1.0 mL,加生理盐水 24 mL,混匀。在分光光度计中,用光径 1 cm 的比色杯,在波长 414 nm 处测定,用生理盐水调零,读取的吸光度应小于 0.100,在波长 460 nm 处读取的吸光度应小于 0.040。

(2)171 $\mu mol/L$ 胆红素标准液:称取符合标准的胆红素($M_w$=584.68)10 mg,加入二甲基亚砜 1 mL,用玻璃棒搅匀,加入 0.05 mol/L $Na_2CO_3$ 溶液 2 mL,使胆红素完全溶解。移入 100 mL 容量瓶,用稀释血清洗涤数次并移入容量瓶中,缓慢加入 0.1 mol/L HCl 溶液 2 mL(边加边缓慢摇动,切勿产生气泡),最后用稀释血清稀释至 100 mL。避光,4 ℃保存,3 天内有效,最好当天绘制标准曲线。

### 实验仪器

试管、刻度吸管、分光光度计、水浴箱等。

## 第十章 肝功能类实验

>>> **实验操作**

1. 取试管 3 支,标明总胆红素管、结合胆红素管和空白管,然后按表 10-1 操作。

表 10-1　血清胆红素测定操作(1)

| 加入物(mL) | 总胆红素管 | 结合胆红素管 | 空白管 |
| --- | --- | --- | --- |
| 血清 | 0.2 | 0.2 | 0.2 |
| 咖啡因-苯甲酸钠试剂 | 1.6 | — | 1.6 |
| 氨基苯磺酸溶液 | — | — | 0.4 |
| 重氮试剂 | 0.4 | 0.4 | — |

混匀,总胆红素管置室温 10 min,结合胆红素管置 37 ℃ 水浴准确放置 1 min,按表 10-2 继续操作。

表 10-2　血清胆红素测定操作(2)

| 加入物(mL) | 总胆红素管 | 结合胆红素管 | 空白管 |
| --- | --- | --- | --- |
| 叠氮钠溶液 | — | 0.05 | — |
| 咖啡因-苯甲酸钠试剂 | — | 1.55 | — |
| 碱性酒石酸钠溶液 | 1.2 | 1.2 | 1.2 |

充分混匀后,用空白管调零,在波长 600 nm 处读取总胆红素管和结合胆红素管吸光度,在标准曲线上查出相应的胆红素浓度。

2. 标准曲线的绘制。按表 10-3 配制 5 种不同浓度的胆红素标准液。

表 10-3　胆红素标准曲线绘制

| 加入物(mL) | 1 | 2 | 3 | 4 | 5 | 6 |
| --- | --- | --- | --- | --- | --- | --- |
| 胆红素标准(171 μmol/L) | 0 | 0.4 | 0.8 | 1.2 | 1.6 | 2.0 |
| 稀释血清 | 2.0 | 1.6 | 1.2 | 0.8 | 0.4 | — |
| 相当于胆红素浓度(μmol/L) | — | 34.2 | 68.4 | 103 | 137 | 171 |
| mg/dL | — | 2 | 4 | 6 | 8 | 10 |

将以上各管充分混匀(不可产生气泡),按血清总胆红素测定方法进行操作。每一浓度平行做 3 管,取平均值。用空白管调零,在波长 600 nm 处读取各管吸光度,然后与相应的胆红素浓度绘制标准曲线。

读出各管吸光度值,并在标准曲线上查出血清胆红素的浓度。

>>> **参考值**

血清总胆红素:5.1～19 μmol/L(0.3～1.1 mg/dL)。

血清结合胆红素:1.7～6.8 μmol/L(0.1～0.4 mg/dL)。

## 临床意义

1. 血清总胆红素测定的临床意义。
(1)有无黄疸及黄疸程度的鉴别。
(2)肝细胞损害程度和预后的判断。
(3)新生儿溶血症:血清胆红素有助于了解疾病的严重程度。
(4)再生障碍性贫血及数种继发性贫血,血清总胆红素减少。
2. 血清结合胆红素测定的临床意义。血清结合胆红素与总胆红素的比值有助于鉴别黄疸的类型。
(1)比值＜20%:溶血性黄疸、阵发性血红蛋白尿、恶性贫血、红细胞增多症等。
(2)比值为 40%～60%:肝细胞性黄疸。
(3)比值＞60%:阻塞性黄疸。

# 实验 2　血浆氨测定

## 实验目的

1. 掌握本法测定血浆氨的基本原理。
2. 熟悉本法测定血浆氨的基本操作步骤及参考值。
3. 了解临床测定血浆氨的主要方法及意义。

## 实验原理

血浆氨的酶法测定基于下列反应:

$$\alpha\text{-酮戊二酸} + NH_4 + NADPH \xrightarrow{GLDH} \text{谷氨酸} + NADP^+ + H_2O$$

在过量 α-酮戊二酸、NADPH 和足量谷氨酸脱氢酶(GLDH)条件下,酶促反应的速率,即 NADPH 转变成 $NADP^+$ 使 340 nm 吸光度的下降率与反应体系中氨的浓度呈正比关系,根据吸光度的变化($\triangle A$),求出样本中氨的浓度。

## 实验试剂

全部试剂必须用去氨水制备。去氨水用蒸馏水经氢型阳离子交换树脂处理获得。

## 第十章　肝功能类实验

1. 66.7 mmol/L $KH_2PO_3$ 溶液。取 9.12 g $KH_2PO_4$，溶入去氨水中，定容到 1 L，4 ℃保存。

2. 66.7 mmol/L $Na_2HPO_4$ 溶液。取 9.51 g $Na_2PO_4$ 溶解并加去氨水至 1 L，4 ℃保存。

3. pH 8.0(±0.05)，66.7 mmol/L 磷酸盐缓冲液(PBS)。取 5 mL"1"液及 95 mL"2"液，混合，4 ℃保存，稳定 3 周。

4. 310 mmol/L α-酮戊二酸。取 0.45 g α-酮戊二酸，溶于 5 mL 去氨水中，用 3 mol/L NaOH 溶液调 pH 至接近 5.0 时，改用 0.1 mol/L NaOH 溶液调 pH 至 6.8(±0.01)，切勿调得过高，因高 pH 可破坏 α-酮戊二酸，以去氨水稀释到 10 mL，4 ℃稳定 10 天。

5. NADPH 贮存液。称约 10 mg NADPH(−20 ℃，干燥器保存)，溶于 1 mL PBS 中，取出 50 μL，以 PBS 稀释到 5 mL 为工作液，以 PBS 调零，1 cm 光径，在 340 nm 波长处读取 NADPH 工作液的吸光度，计算 NADPH 贮存液中实际浓度：

NADPH，mmol/L＝$A_{340\,nm}$/6.22×100

6.22 为 NADPH 的毫摩尔吸光系数，据上式计算结果确定制备 GLDH 工作液中加入 NADPH 贮存液的量，使其达到 149 μmol/L。

需用 NADPH 贮存液毫升数

＝149 μmol/L×需配 GLDH 毫升数(50)/NADPH 贮存液实际浓度(mmol/L)×100

7. 谷氨酸脱氢酶工作液。根据 GLDH 酶制品(−20 ℃，干燥器中保存)的比活，称出酶活力为 922 U 的相应量(如比活为 50 U/mg 蛋白质，则称 20 mg)，如 GLDH 在甘油中，可按 U/mL 吸出 922 U 的相应体积，置 50 mL 溶量瓶中，称入 ADP(−20 ℃，干燥器中保存)15 mg，吸入计算量的 NADPH 贮存液，以 PBS 稀释到 50 mL，4 ℃保存可稳定 7 天。

8. 100 mmol/L 氨标准贮存液。称取 $(NH_4)_2SO_4$ 660.7 mg，溶于去氨水中，定容到 100 mL，4 ℃保存。

9. 氨标准应用液。用去氨水分别稀释贮存液至 25 μmol/L、50 μmol/L、100 μmol/L 及 150 μmol/L。

### 实验操作

所用分光光度计需配有 37 ℃恒温比色系统及 340 nm 波长。如用自动分析仪，可根据本法反应条件自行设计，样品及试剂用量按比例减少。

操作见表 10-4。按空白管、标准管、测定管的先后顺序进行。

表 10-4　血浆氨测定操作

| 加入物(mL) | 测定管 | 标准管 | 空白管 |
|---|---|---|---|
| GLDH 工作液 | 1.5 | 1.5 | 1.5 |
| 去氨水 | 0.3 | — | — |
| 标准液 100 μmol/L | — | 0.3 | — |
| 血浆 | — | — | 0.3 |
| 37 ℃水浴 10 min | | | |
| α-酮戊二酸溶液(μL) | 60 | 60 | 60 |

混匀,于 10 s 时读 $A_{10\,s}$,于 70 s 时读 $A_{70\,s}$;求各管的 $\Delta A$,即 $\Delta A = A_{10\,s} - A_{70\,s}$。

### 》》》 计算

血浆 $NH_3$ μmol/L = $\Delta A_{测定管} - \Delta A_{空白管} / (\Delta A_{标准管} - \Delta A_{空白管}) \times 100$

### 》》》 参考值

18～72 μmol/L。

### 》》》 注意事项

1. 各试剂成分的终浓度:磷酸盐 54 mmol/L,α-酮戊二酸 10 mmol/L,NADPH 120 μmol/L,ADP 0.5 mmol/L,GLDH 16 U/mL。

2. 酶法测定血浆氨具有特异、简便、快速等优点,且可上自动分析仪。腺苷二磷酸(ADP)可稳定 GLDH,增强反应速率。NADPH 作辅酶较 NADH 可缩短反应时间,但前者价格更贵。

3. 血浆中 LDH、AST 等也可利用 NADPH 而产生内源性的消耗,直接影响血浆氨测定结果。启动剂 α-酮戊二酸加入前,37 ℃加温 10 min 为 NADPH 内源性消耗反应时间。

4. 血浆氨测定的准确性在很大程度上取决于标本收集是否符合要求。用 EDTA-2Na 抗凝,静脉采血与抗凝剂充分混匀后立即置冰水中,尽快分离血浆,加塞置 2～4 ℃保存,在 2～3 h 内分析;−20 ℃可稳定 24 h。显著溶血者不能用,因红细胞中氨浓度为血浆的 2.8 倍。

5. 线性范围为 0～150 μmol/L。试剂"9"几种浓度的标准应用液供标准曲线用。日常工作中可仅用 100 μmol/L 标准应用液。

6. 如测定值超出线性范围,可用去氨水稀释血浆后重做。

7. 血浆氨含量甚微,要防止环境及所用各种器皿中氨的影响。

8. 国内已有血浆氨酶法测定试剂盒,可按说明书操作。如中生公司的试剂盒,用三乙醇胺缓冲液,NADPH 作辅酶,NADPH 内源性消耗反应在室温中需 20 min。

### 临床意义

正常情况下,氨在肝脏转变为尿素。严重肝脏疾病时,氨不能从循环中消除,引起血氨增高。高血氨有神经毒性,可引起肝性脑病,故成年人血浆氨测定主要用于肝性脑病的监测和处理。

此外,血浆氨测定对儿科诊断 Reye's 综合征非常有用。该综合征有严重低血糖、大块肝坏死、急性肝衰并伴有肝脂肪变性,在肝酶谱增高前,即血氨增高。对诊断某些先天性代谢紊乱,如鸟氨酸循环的氨基酸代谢缺陷(高血氨)也很重要。

# 第十一章 激素测定

## 实验1 尿液中17-酮类固醇(17-KS)测定

### 实验目的

1. 掌握本法测定尿液中17-酮类固醇的基本原理。
2. 熟悉本法测定尿液中17-酮类固醇的基本操作步骤及参考值。
3. 了解临床测定尿液中17-酮类固醇的主要方法及意义。

### 实验原理

17-酮类固醇又称17-氧类固醇。在尿液中,这类化合物主要为雄酮、脱氢异雄酮、原胆烷醇等。它们都是环戊烷多氢菲的衍生物,而且在第17位碳原子上都有1个酮基。尿中17-酮类固醇是肾上腺皮质激素及雄性激素的代谢物,大部分为水溶性的葡萄糖醛酸酯或硫酸酯,必须经过酸的作用才水解成游离的类固醇,再用有机溶剂提取,经过洗涤除去酸类与酚类有机物质。17-酮类固醇分子结构中的酮-亚甲基($—CO—CH_2—$)能与碱性溶液中的硝基苯作用,生成红色化合物。

### 实验试剂

1. 浓盐酸(AR)。
2. 5 mol/L 去醛乙醇溶液。
3. 1 mol/L NaOH 溶液。
4. 乙酸乙酯(AR)。
5. 雄酮标准液(100 μg/mol)。精确称取去氢异雄酮(dehydroisoandrosterone, $M_w$ 288.3)10 mg,置于100 mL容量瓶中,用经纯化的去醛乙醇溶解并稀释至刻度。此液不能久存,必须分装于洁净的中号试管中,每管0.2 mL(含20 μg),置37 ℃温箱中烘干,置暗处保存,每次测定时取出一管使用。

6. 去醛乙醇的制备。取无水乙醇 1000 mL，内加盐酸间苯二胺 4 g，充分混匀后，静置暗处 1 周，每天振摇 2 次，到期进行蒸馏，并弃去开始蒸出与最后剩余部分各约 50 mL，收集所得的乙醇，置棕色瓶中保存。

7. 75% 去醛乙醇。取无水去醛乙醇，用蒸馏水稀释成 75% 浓度。

8. 20 g/L 间二硝基苯乙醇溶液。取无色的纯间二硝基苯 0.2 g，溶于去醛乙醇内，使总量为 10 mL。盛于棕色瓶内，冰箱保存备用。质量较差的间二硝基苯须作以下提纯处理：

(1) 取间二硝基苯 20 g，溶于 95% 乙醇 75 mL 中，加热至约 40 ℃ 使之溶解；

(2) 加入 2 mol/L NaOH 溶液 100 mL。

(3) 5 min 后加入蒸馏水 2500 mL，混合。

(4) 加滤纸在布氏漏斗中过滤，并用较多量的蒸馏水洗涤后将其吸干。

(5) 依此法再用无水乙醇 120 mL 及 80 mL 重结晶 2 次，置于干燥器内待用。

9. 乙醚（AR）。

10. 4%(V/V) 甲醛溶液。将浓的福尔马林用蒸馏水稀释 10 倍即可。

## 实验操作

1. 在集尿瓶内加浓盐酸 5 mL 防腐。按常法收集 24 h 尿液，量其总量并记录。

2. 取尿样 5 mL，放入 20 nm×150 nm 试管中，加浓盐酸 1.5 mL，加 4% 甲醛溶液 0.2 mL，在沸水浴中煮沸 20 min，取出，置冷水中冷却。

3. 冷却尿液移入 30 mL 小液漏斗，加乙醚 10 mL，振摇 2 min，放置待分层后弃去下层尿液。

4. 再向小漏斗中加入 1 mol/L NaOH 溶液 5 mL，轻摇 1 min，洗乙醚，放置澄清，弃去下层水液。

5. 再用蒸馏水 2.5 mL，轻摇洗乙醚 30 s，放置澄清，弃去下层水液。

6. 将乙醚移入 15 mL 试管中，于 40~45 ℃ 水浴中蒸干，此管即为测定管。

7. 设定测定管、标准管（内有雄酮标准 0.02 mg）、空白管。

将各管混匀振摇 30 s，1000 r/min 离心 2 min，上层溶液移入 10 mm 光径比色皿中，在计 520 nm 波长处测定，以空白管调零，读取各管的吸光度。

## 计算

尿 17-酮 (mg/24 h) = 测定管吸光度/标准管吸光度 × 0.02 × 24 h 尿量 (mL)/5

尿 17-酮 ($\mu$mol/24 h) = mg/24 h × 3.47

### 参考值

成年男性:28.5～61.8 μmol/24 h(8.2～17.8 mg/24 h)。
成年女性:20.8～52.1 μmol/24 h(6.0～15 mg/24 h)。

### 注意事项

1. 由于所显色泽不够稳定,故比色应在 10 min 内完成,大批标本时宜分批显色。

2. 如室温过低,比色液可显混浊,应在比色前加饱和盐水 0.1 mL,待混浊消失后进行比色。

3. 市售的无水乙醇和间二硝基苯应纯化后使用。

4. 5 mol/L 氢氧化钾去醛乙醇溶液不太稳定,故不宜多配。

5. 如尿液不能及时进行测定,应置于冰箱中,以免 17-酮类固醇被破坏而使测定数量降低。

6. 水解过程中,加入甲醛可以抑制非特异性色素的生成,而对类固醇化合物的结构和性质无影响。

7. 在测定前,患者应停服带色素的药物,如金霉素、四环素类抗生素以及安乐神、安乃近、氯丙嗪、降压灵、普鲁卡因胺、激素和中草药,以减少干扰。

### 临床意义

1. 尿 17-酮增高。见于肾上腺皮质机能亢进、肢端肥大症和睾丸间质细胞瘤等。

2. 尿 17-酮减低。见于肾上腺功能减退、性机能减退以及某些慢性病如结核、肝病和糖尿病等。

## 实验 2　尿液中 17-羟皮质类固醇(17-羟)测定

### 实验目的

1. 掌握本法测定尿液中 17-羟皮质类固醇的基本原理。
2. 熟悉本法测定尿液中 17-羟皮质类固醇的基本操作步骤及参考值。
3. 了解临床测定尿液中 17-羟皮质类固醇的主要方法及意义。

## 实验原理

17-羟皮质类固醇为肾上腺皮质所分泌的激素,主要为可的松(皮质素)及氢化可的松。在酸性条件下,用正丁醇-氯仿提取尿液中的结合型或游离型17-羟皮质类固醇,在抽提液中加入盐酸苯肼和硫酸,17-羟皮质类固醇与盐酸苯肼作用,生成黄色复合物,称为 Porter-Silder 颜色反应,用氢化可的松标准液同样呈色,以分光光度计比色,而求得其含量。

## 实验试剂

1. 10 mol/L 硫酸。取浓硫酸(AR)280 mL,缓慢加入 220 mL 蒸馏水中,边加边用冷水冷却。

2. 硫酸铵(AR)。

3. 氢化可的松标准液(0.1 mg/mL)。精确称取氢化可的松(hydrocortisone, $M_w$ 362.47)10 mg,溶于 100 mL 无水乙醇(AR)中,充分混匀,然后分装成每管 0.2 mL,置 37 ℃ 温箱中烘干备用。

4. 正丁醇。市售的正丁醇必须精制后方可应用。精制方法如下:取正丁醇 1000 mL,倾入 2000 mL 圆底烧瓶中,加入盐酸苯肼 65 mg 和 10 mol/L 硫酸溶液 100 mL,置室温或冰箱中 1 周后,加入 500 mL 蒸馏水于烧瓶中,振摇 1 min。然后静置分层,弃去底下水层。将处理过的正丁醇再加入无水硫酸钠 30 g,搅动片刻,放入冰箱过夜,次日进行重蒸馏。蒸馏时,蒸馏瓶置于砂浴上,瓶上的橡皮塞外面应包有锡箔纸,其中一孔插入 200 ℃ 的水银温度计,蒸馏瓶与冷凝管接头处的橡皮塞亦应包以锡箔纸,以免正丁醇的蒸汽将橡皮塞溶解,收集沸点为 116~117 ℃ 的蒸馏液,温度未达到的蒸馏液和瓶中剩下的 20~30 mL 溶液弃去。

5. 盐酸苯肼溶液。称取精制的盐酸苯肼 65 mg,氯化钠 1 g,溶于 100 mL 10 mol/L 硫酸溶液中,临用前新配。盐酸苯肼的精制方法如下:称取盐酸苯肼 10 g,置 400 mL 无水乙醇中,隔水加热溶解,然后在室温下冷却。再放入 4 ℃ 冰箱 24 h,用布氏漏斗过滤,收集结晶部分,如此重复 2~3 次,直至无水乙醇无色为止,收集结晶,保存干燥处备用。

6. 氯仿(AR)。质量较好的氯仿可直接使用,若空白管颜色太深,则应精制,方法如下:于 2000 mL 分液漏斗中置氯仿 1000 mL,加浓硫酸 50 mL,充分混匀后静止分层,弃去硫酸液,再用蒸馏水洗氯仿 2 次,即可应用。

## 实验操作

1. 收集 24 h 尿液,留尿瓶内预先加浓盐酸 5~10 mL 防腐,留尿前两天停服中药、维生素 $B_2$ 及四环素,记录尿量(mL)。

2. 取尿液 3 mL,放入 50 mL 容量瓶内,加 10 mol/L 硫酸 2 滴,此时尿 pH 为 1,加无水硫酸铵 3 g,振摇 3 min,使其饱和。

3. 向容量瓶内加入氯仿-正丁醇(10∶1,V/V)混合液 33 mL,振摇 5 min,1500 r/min 离心 10 min。用玻璃吸管吸净上层尿液并弃去。

4. 吸取 10 mL 氯仿-正丁醇提取液,分别放入 2 支 15 mL 具塞试管中,一管称为尿样 A,另一管称为尿样 B。

5. 取标准管 2 支和空白管 2 支,分别加入氯仿正丁醇混合液(10∶1)10 mL,分别称为标准 A 和标准 B、试剂 A 和试剂 B。

6. 向各 A 管各加入 10 mol/L 硫酸 4 mL,向各 B 管各加入盐酸苯肼溶液 4 mL。各管一律加塞紧闭,剧烈振摇 5 min 后,1500 r/min 离心 15 min。

7. 离心后管内液体分为两层,17-羟在上层硫酸层中,有机溶媒在下层,立即用尖嘴玻璃吸管将上层硫酸吸取约 3 mL,放入干燥清洁的 10 mm×150 mm 玻璃试管中,注意勿带入下层有机溶媒,每管都标记清楚。

8. 各 A 管和各 B 管都同时放入 60 ℃恒温水浴中,准确保温 42 min,然后迅速移入冷水浴中冷却。

9. 用分光光度计在 410 nm 处测定,以试剂 A 管调零,将经显色反应后的各管中的硫酸溶液倒入 10 mm 比色杯内,读取吸光度。色泽稳定时间约 2 h。

### 计算

尿 17-羟 mg/24 h=(尿样 B 吸光度−尿样 A 吸光度−试剂 B 吸光度)/(标准 B 吸光度−标准 A 吸光度−试剂 B 吸光度)×0.02×33/10×24 h 尿量(mL)/3

尿 17-羟 $\mu$mol/24 h=mg/24 h×2.76

### 参考值

成年男性:27.88±6.6 $\mu$mol/24 h(10.1±2.40 mg/24 h)。
成年女性:23.74±4.47 $\mu$mol/24 h(8.6±1.62 mg/24 h)。

### 注意事项

1. 可的松和氢化可的松显色强度不同,前者呈色强度高于后者,而尿中排泄的以氢化可的松为主。用氢化可的松做标准较好,否则测定结果将偏低。

2. 本实验所用试剂纯度要求很高,许多试剂都要精制,精制过程中应注意安全,加强防火措施。

3. 试剂 B 值是全部试剂影响的总和,每批操作需注意比较试剂 B 吸光度的波动情况,若空白呈色较深,应从器皿的清洁度及各种试剂纯度方面追查原因。

## 临床意义

1. 增高。肾上腺皮质功能亢进,如柯兴氏综合征、肾上腺皮质瘤及双侧增生、肥胖症和甲状腺功能亢进等,尤以肾上腺皮质肿瘤增生最为显著。

2. 减低。肾上腺皮质功能不全,如阿狄森病和西蒙症;某些慢性病,如肝病、结核病等。当注射 ACTH 后,正常人和皮质腺癌、双侧增生患者尿中 17-羟可显著增高,而肾上腺皮质功能减退症和肾上腺癌肿患者则变动不明显。

# 参考答案

## 第一章

### 一、名词解释

1. 肽键：一个氨基酸的 α-羧基与另一个氨基酸的 α-氨基脱水缩合而成的化学键。
2. 蛋白质的等电点：净电荷为零时溶液的 pH 称为蛋白质的等电点。
3. 蛋白质的变性：在理化因素影响下，蛋白质的空间结构被破坏，从而导致其理化性质改变和生物学活性丧失。

### 二、选择题

1. C  2. C  3. A  4. A  5. D  6. B  7. B  8. D  9. B  10. C  11. A  12. C
13. D  14. E  15. E  16. B  17. B  18. B  19. D  20. B  21. E  22. A  23. A
24. C  25. E  26. E  27. D  28. D  29. B  30. A  31. E  32. D  33. E  34. E
35. C  36. C  37. D  38. D  39. E  40. C  41. C  42. B  43. C

2. 答案：C

   解析：鸟氨酸是尿素合成的中间代谢产物，不参与蛋白质的组成，为非编码氨基酸；半胱氨酸、组氨酸、丝氨酸和亮氨酸均为有遗传密码的编码氨基酸。

4. 答案：A

   解析：含有 2 个羧基的氨基酸是酸性氨基酸，即谷氨酸和天冬氨酸。

8. 答案：D

   解析：由遗传密码编码的氨基酸即编码氨基酸，组成人体的编码氨基酸有 20 种。

12. 答案：C

    解析：多肽链的主链是构成肽键（—CONH—）的 4 个原子和相邻的 C 原子交替出现，故重复单位应该是：—CONH—。

19. 答案：D

    解析：脯氨酸是亚氨基酸，其侧链 R 基团是环式结构，多肽链延伸到脯氨酸残基处往往形成 180°回折，即形成 β 转角结构，其第二个氨基酸通常就是脯氨酸。

23. 答案:A

解析:亚基之间必须以非共价键相连,蛋白质才具有四级结构,而二硫键是一种共价键,故亚基间不存在二硫键。

24. 答案:C

解析:乳酸脱氢酶由4个亚基组成,具有四级结构;胰岛素的两条链之间以二硫键相连,没有四级结构;核糖核酸酶、胰蛋白酶和胃蛋白酶都是水解酶类,只有一条多肽链。

26. 答案:E

解析:一条多肽链只有一个游离的α-氨基和α-羧基,即一个亚基有一个游离的α-氨基和α-羧基,由于具有四级结构的蛋白质有多个亚基,因此有多个游离的α-氨基和α-羧基。

32. 答案:D

解析:电泳液的pH为8.6,大于A、B两种蛋白质的等电点,故这两种蛋白质在溶液中带负电荷,电泳时都向正极移动;在相对分子质量相同的情况下,泳动的速度取决于蛋白质所带电荷的数目,由于A蛋白质的等电点偏离溶液的pH更大,故A蛋白带的负电荷更多,移动的速度更快。

43. 答案:C

解析:清蛋白为单纯蛋白质,其余均为结合蛋白质,含有非蛋白部分:核蛋白(核酸)、糖蛋白(糖类)、脂蛋白(脂类)、色蛋白(色素)。

### 三、填空题

1. 氨基酸;20
2. 非极性侧链氨基酸;极性中性氨基酸;酸性氨基酸;碱性氨基酸
3. α-羧基;α-氨基
4. 酪氨酸;色氨酸
5. 排列顺序;肽键
6. α-螺旋;β-折叠;β-转角;无规则卷曲
7. 负
8. 空间(高级);一级
9. 水化膜;表面电荷

### 四、简答题

蛋白质二级结构的概念:多肽链中主链原子的空间排布;基本形式:α-螺旋、β-折叠、β-转角和无规则卷曲;其中α-螺旋和β-折叠是二级结构的主要形式。α-螺旋的结构特点:右手螺旋;一圈3.6 aa,螺距0.54 mm;氢键(平行);R在外侧。β-折叠的结构特点:锯齿状;氢键(垂直);顺向/反向平行;R在上下方。

## 第二章

### 一、名词解释

1. DNA 的变性:在某些理化因素作用下,DNA 双链解开成两条单链的过程。

2. DNA 的复性:变性 DNA 的两条互补链重新恢复天然双螺旋构象的过程。

3. 解链温度:双链 DNA 有 50% 解链时的环境温度。

### 二、选择题

1. D  2. C  3. B  4. C  5. B  6. C  7. B  8. D  9. B  10. E  11. D  12. C
13. D  14. A  15. D  16. C  17. D  18. A  19. B  20. D  21. C  22. D  23. A
24. A  25. B  26. D  27. E  28. E  29. A  30. C  31. B  32. E  33. D  34. E
35. B  36. A  37. C  38. D  39. C  40. D  41. B  42. B

5. 答案:B

解析:构成核苷酸的戊糖环式结构中第 5 位碳原子游离存在,磷酸通常与 $C_5'$ 上的羟基形成磷酸酯键,即核酸的基本单位是 $5'$-核苷酸。

11. 答案:D

解析:按照 A-T、G-C 碱基配对规则得到互补链是 $3'$-ATCT-$5'$,然后按 $5' \rightarrow 3'$ 的方向依次写出碱基序列:$5'$-TCTA-$3'$。

12. 答案:C

解析:在 DNA 分子中:A+G=C+T,故 A+G 的含量占碱基总量的 50%,若 A 占 32.8%,则 G 为 50%−32.8%=17.2%。

17. 答案:D

解析:DNA 双链中根据碱基互补配对的规则 A=T,G=C;则 A+G=T+C,A+C=T+G。

19. 答案:B

解析:构成 RNA 的戊糖为核糖,RNA 有 A、G、C、U 四种碱基;构成 DNA 的戊糖为脱氧核糖,DNA 有 A、G、C、T 四种碱基,故两者戊糖不同,碱基部分不同。

22. 答案:D

解析:DNA 变性的实质是氢键的断裂,A-T 之间有两个氢键,G-C 之间有三个氢键,故解链温度随 A-T 含量增加而降低,随 G-C 含量增加而升高。

36. 答案:A

解析:$T_m$ 值随 G-C 含量增加而升高,将 A+T 含量换算成相应的 G+C 含量后比较最大值,其 $T_m$ 值最高。

42. 答案:B

解析：根据 A-U,G-C 碱基配对规则得出相应的密码子 $3'$-CAU-$5'$ 后，按 $5'\rightarrow 3'$ 的方向得到密码子为 UAC。

### 三、填空题

1. mRNA；tRNA；rRNA
2. 磷酸；戊糖；碱基；碱基；嘌呤；嘧啶
3. 腺嘌呤；鸟嘌呤；胞嘧啶；尿嘧啶；胸腺嘧啶；稀有碱基
4. 糖苷键；核苷
5. 核苷酸；$3',5'$-磷酸二酯键
6. 260 nm
7. 2；3
8. 三叶草结构；倒 L 形结构

### 四、简答题

DNA 双螺旋结构的特点：右手双螺旋，反向平行；碱基在内侧，A＝T，G≡C；直径 2 nm，螺距 3.4 nm，一圈 10 bp；氢键（横向）和碱基堆积力（纵向）维持稳定性。

# 第三章

### 一、选择题

1. C  2. E  3. E  4. B  5. B  6. C  7. A  8. B  9. D  10. E  11. B  12. B
13. E  14. C  15. A  16. A  17. B

9. 答案：D

解析：谷氨酸脱羧生成 γ-氨基丁酸(GABA)，GABA 是一种抑制性神经递质，对中枢神经有抑制作用。磷酸吡哆醛是谷氨酸脱羧酶的辅酶，故临床上用维生素 $B_6$ 辅助治疗小儿惊厥和妊娠呕吐，可促进 GABA 的生成，抑制中枢神经以缓解症状。

11. 答案：B

解析：维生素 $B_6$ 的活性形式是磷酸吡哆醛，为转氨酶和氨基酸脱羧酶的辅酶；泛酸的活性形式是辅酶 A，是酰基转移酶的辅酶；维生素 PP 的活性形式是 $NAD^+$ 和 $NADP^+$，是脱氢酶的辅酶；维生素 $B_1$ 的活性形式是 TPP，为 α-酮酸脱氢酶系的辅酶；维生素 $B_2$ 的活性形式是 FMN 和 FAD，是脱氢酶的辅基。

16. 答案：A

解析：维生素 $B_1$ 能抑制胆碱酯酶的活性，缺乏维生素 $B_1$ 时乙酰胆碱分解加强，影响正常的神经传导，表现为消化道蠕动减慢、消化液减少、食欲不振等症状。

17.答案:B

解析:肠道细菌能合成的维生素有维生素K、维生素$B_6$、维生素PP、泛酸、生物素、叶酸、维生素$B_{12}$等。

二、填空题

1. 脂溶性维生素;水溶性维生素
2. 维生素A;维生素D;维生素E;维生素K
3. 1,25-$(OH)_2D_3$
4. B族维生素;维生素C
5. 维生素$B_1$;脱羧
6. 维生素$B_2$;传递氢
7. 维生素PP;传递氢
8. 叶酸;维生素$B_{12}$
9. 泛酸;转移酰基
10. 磷酸吡哆醛;磷酸吡哆胺

# 第四章

一、名词解释

1. 酶:是由活细胞产生,对其特异底物起高效催化作用的蛋白质和核酸。
2. 必需基团:与酶的活性密切相关的基团。
3. 酶的活性中心:必需基团组成的具有特定空间结构的区域,能与底物特异性结合并将底物转化为产物。
4. 酶原:无活性的酶的前体。
5. 酶原的激活:无活性的酶原转变为有活性的酶的过程。
6. 同工酶:催化相同化学反应但酶的分子结构、理化性质和免疫学特性不同的一组酶。

二、选择题

1. C  2. B  3. E  4. E  5. D  6. E  7. C  8. C  9. B  10. D  11. B  12. A
13. D  14. B  15. B  16. A  17. D  18. B  19. D  20. D  21. E  22. C  23. C
24. A  25. A  26. A  27. B  28. D  29. C  30. C  31. C  32. E  33. D  34. C
35. A  36. B  37. A  38. A  39. C  40. C  41. E  42. C  43. C  44. B  45. C
46. C  47. A  48. C  49. E  50. D  51. A  52. B  53. C  54. D  55. E  56. E
57. E  58. E  59. C  60. A

3.答案:E

解析:催化剂只能缩短化学反应达到平衡的时间,不能改变化学反应的平衡点;酶作为生物催化剂,也不能改变反应的平衡常数。

6. 答案:E

解析:一种酶蛋白一般只能和一种辅助因子结合,而一种辅助因子则可以和多种酶蛋白结合,如 $NAD^+$ 是多种脱氢酶的辅酶。

15. 答案:B

解析:氯离子($Cl^-$)是唾液淀粉酶的非必需激活剂,唾液淀粉酶经透析失去 $Cl^-$ 后,水解能力降低。

27. 答案:B

解析:酶促反应中底物(S)和酶(E)首先形成 ES 复合物(中间产物),然后再分解形成游离的 E 和最终的产物(P)。中间产物学说说明了酶促反应速度与浓度的关系。

28. 答案:D

解析:酶促反应动力学是研究酶促反应速率及其影响因素,这些因素包括酶浓度、底物浓度、pH、温度、抑制剂、激活剂等,即酶促反应速度与影响因素之间的关系。

37. 答案:A

解析:有机磷化合物(敌敌畏)能与胆碱酯酶(羟基酶)活性中心丝氨酸残基的羟基(—OH)结合,使酶失去活性。

59. 答案:C;

解析:$K_m$ 是 $V_{max}=1/2V_{max}$ 时[S],单位是 mol/L、mmol/L 等浓度单位;$K_m$ 是酶的特征性常数,与酶的性质有关,与酶的浓度有关。

60. 答案:A

解析:一种酶对其不同的底物都各有一个特定的 $K_m$,$K_m$ 最小的底物大多数是此酶的天然底物,所以可通过 $K_m$ 的测定来鉴定酶的最适底物。

### 三、填空题

1. 酶蛋白;辅助因子;酶蛋白;辅助因子

2. 辅酶;辅基;辅基;辅酶

3. 蛋白质;核酸

4. 氧化还原酶类;转移酶类;水解酶类;裂合酶类;异构酶类;合成酶类

5. 结合基团;催化基团;结合基团,催化基团

6. 变构调节;化学修饰调节

7. $LDH_1$;$LDH_5$

8. 底物;活性中心

9. 绝对特异性;相对特异性;立体异构特异性

10. 高效性;特异性;不稳定性;可调节性

## 四、简答题

影响酶活性的因素及其作用见下表:

| 影响因素 | 对酶促反应速度的影响 |
|---|---|
| 底物浓度 | 矩形双曲线 |
| 酶浓度 | 直线 |
| 温度 | 抛物线 |
| pH | 钟形曲线 |
| 激活剂 | 使酶活性增加 |
| 抑制剂 | 使酶活性降低或丧失但不使酶蛋白变性 |

## 第五章

### 一、名词解释

1. 生物氧化:有机物在体内的氧化分解生成 $CO_2$ 和 $H_2O$,并释放出能量的过程。

2. 呼吸链:代谢物脱下的 2H 经一系列的酶和辅酶传递,交给氧生成水,这一系列的酶和辅酶组成的传递链称为呼吸链。

3. 氧化磷酸化:代谢物脱下的 2H 经呼吸链传递释放的能量,驱动 ADP 磷酸化生成 ATP 的过程。

4. 底物水平磷酸化:代谢物因脱氢或脱水引起分子内能量重新分布,产生高能键生成 ATP 或 GTP 的过程。

### 二、选择题

1. D  2. D  3. B  4. E  5. D  6. D  7. E  8. B  9. C  10. E  11. B  12. C
13. B  14. A  15. B  16. B  17. D  18. A  19. B  20. D  21. B  22. B  23. D
24. A  25. D  26. E  27. C  28. B  29. D  30. B  31. D  32. B  33. D  34. C

19. 答案:B

解析:体内 ATP 浓度高时,可在肌酸激酶的催化下,将高能磷酸键转移给肌酸,生成磷酸肌酸。磷酸肌酸可作为肌肉和脑组织中能量的主要储存方式。

24. 答案:A

解析:体内底物水平磷酸化反应主要有三个:1,3-二磷酸甘油酸生成 3-磷酸甘油酸;磷酸烯醇式丙酮酸生成丙酮酸;琥珀酰 CoA 生成琥珀酸。

29. 答案:D

解析:解偶联意味着氧化和磷酸化相互分开,此时氧化进行,线粒体能够利用氧生成水,但氧化释放的能量只能以热能的形式散失,不能驱动ADP磷酸化生成ATP。

### 三、填空题

1. 加氧;脱氢;失电子
2. 复合体Ⅰ;复合体Ⅱ;复合体Ⅲ;复合体Ⅳ
3. $\alpha$-单纯脱羧;$\alpha$-氧化脱羧;$\beta$-单纯脱羧;$\beta$-氧化脱羧
4. 2.5;1.5
5. CoQ;复合体Ⅲ;复合体Ⅳ
6. $\alpha$-磷酸甘油穿梭;苹果酸-天冬氨酸穿梭
7. 底物水平磷酸化;氧化磷酸化

### 四、简答题

1. 呼吸链的组成成分:①递氢体,$NAD^+$($NADP^+$);②黄素蛋白,递氢体;③铁硫蛋白,递电子体;④泛醌,递氢体;⑤细胞色素,递电子体。

   NADH氧化呼吸链:

   NADH→FMN→FeS→Q→Cyt b→Cyt $c_1$→Cyt c→Cyt $aa_3$→$O_2$

   琥珀酸氧化呼吸链:

   琥珀酸→FAD→FeS→Q→Cyt b→Cyt $c_1$→Cyt c→Cyt $aa_3$→$O_2$

2. 影响氧化磷酸化的因素:①ATP/ADP比值;②甲状腺素;③抑制剂。

   呼吸链抑制剂:鱼藤酮、异戊巴比妥、抗霉素A、CO、$CN^-$、$H_2S$。

   解偶联剂:二硝基苯酚。

   ATP合酶抑制剂:寡霉素。

## 第六章

### 一、名词解释

1. 糖原合成:由单糖合成糖原的过程称为糖原合成。
2. 糖原分解:肝糖原分解为葡萄糖的过程。
3. 糖异生:由非糖物质转变为葡萄糖或糖原的过程。
4. 乳酸循环:肌肉组织中糖酵解生成的乳酸,随血液运输到肝脏后异生为葡萄糖,葡萄糖随血液运回到肌肉组织供应能量,这个循环称为乳酸循环。
5. 血糖:血液中的葡萄糖。

### 二、选择题

1. D  2. C  3. B  4. D  5. C  6. E  7. D  8. B  9. D  10. A  11. E  12. B

13. C  14. D  15. D  16. A  17. E  18. B  19. C  20. A  21. C  22. B  23. E
24. A  25. E  26. C  27. B  28. D  29. D  30. B  31. E  32. E  33. E  34. D
35. C  36. E  37. C  38. D  39. B  40. E  41. C  42. B  43. A  44. B  45. D
46. C  47. C  48. A  49. D  50. C  51. D  52. D  53. D  54. C  55. D  56. D
57. B  58. D  59. D  60. D  61. E  62. D

2. 答案:C

解析:丙酮酸脱氢酶系所含的辅助因子有TPP(维生素$B_1$)、硫辛酸、CoA(泛酸)、FAD(维生素$B_2$)、$NAD^+$(维生素PP)。

5. 答案:C

解析:1分子葡萄糖经糖酵解净生成2分子ATP,糖原中1分子葡萄糖基由于少消耗1个ATP(G→G-6-P),故能生成3分子ATP。

6. 答案:E

解析:丙酮酸脱氢酶系是糖有氧氧化的关键酶之一,细胞缺少能量时糖的有氧氧化加速,丙酮酸脱氢酶系活性升高。

8. 答案:B

解析:糖酵解过程中发生2次底物水平磷酸化,分别是:1,3-二磷酸甘油酸生成3-磷酸甘油酸;磷酸烯醇式丙酮酸生成丙酮酸。

14. 答案:D

解析:磷酸烯醇式丙酮酸羧激酶是糖异生过程的关键酶,与糖酵解途径无关。

20. 答案:A

解析:1分子磷酸二羟丙酮生成乳酸的过程只有底物水平磷酸化生成ATP,分别是:1,3-二磷酸甘油酸生成3-磷酸甘油酸,磷酸烯醇式丙酮酸生成丙酮酸。

27. 答案:B

解析:肝中葡萄糖激酶的$K_m$值为10 mmol/L,与葡萄糖的亲和力较小,只有当葡萄糖浓度较高时,才能充分发挥催化活性;其他己糖激酶(存在于肝外组织,如脑)的$K_m$值在0.1 mmol/L左右,对葡萄糖有较强亲和力,在葡萄糖浓度低时,仍可发挥较强的催化功能。

34. 答案:D

解析:三羧酸循环的中间产物包括草酰乙酸在内都起着催化剂的作用,反应前后并无量的变化,不可能通过TCA循环合成草酰乙酸或其他中间产物。

49. 答案:D

解析:糖酵解过程中有一步脱氢反应,即3-磷酸甘油醛脱氢生成1,3-二磷酸甘油酸,产生NADH和$H^+$。

55. 答案:D

解析:糖有氧氧化过程的第一个阶段(糖酵解途径)有1步脱氢反应,第二阶段(丙酮酸氧化脱羧)有1步脱氢反应,第三阶段(三羧酸循环)有4步脱氢反应,故整个有氧氧化过程有6步脱氢反应。

61. 答案:E

解析:糖有氧氧化时底物水平磷酸化一共有3步反应,依次是:GAP→1,3-BPG;PEP→丙酮酸;琥珀酰CoA→琥珀酸。由于1分子葡萄糖能生成2分子3-磷酸甘油醛(GAP),故底物水平磷酸化的次数是3×2=6次。

### 三、填空题

1. 2;2;30 或 32
2. 己糖(葡萄糖)激酶;磷酸果糖激酶;丙酮酸激酶
3. 丙酮酸羧化酶;磷酸烯醇式丙酮酸羧激酶;果糖1,6-二磷酸酶;葡萄糖6-磷酸酶
4. 糖原合酶;糖原磷酸化酶
5. 4;2;1;10
6. 3;5
7. 食物消化吸收;肝糖原分解;糖异生;氧化分解;合成糖原;转变为其他物质
8. 胰高血糖素;肾上腺素;肾上腺皮质激素;胰岛素
9. 细胞液;线粒体
10. 6-磷酸葡萄糖脱氢酶
11. 甘油;乳酸;生糖氨基酸

### 四、简答题

乳酸循环的过程:肌肉组织中的糖酵解生成乳酸,释放入血,随血液运输到肝脏后异生为葡萄糖,葡萄糖再随血液运回肌肉组织供应能量,这个循环过程称为乳酸循环。生理意义:有助于乳酸的再利用及防止乳酸堆积导致酸中毒。

# 第七章

### 一、名词解释

1. 必需脂肪酸:人体需要而又不能自身合成,必须从食物中摄取的脂肪酸。
2. 脂肪动员:脂肪组织中储存的甘油三酯在脂肪酶的催化下逐步水解为FFA和甘油,释放入血供其他组织氧化利用的过程。
3. 酮体:乙酰乙酸、$\beta$-羟丁酸和丙酮的总称。

### 二、选择题

1. D  2. C  3. B  4. C  5. C  6. C  7. C  8. D  9. B  10. A  11. B  12. C
13. B  14. B  15. B  16. E  17. C  18. C  19. E  20. A  21. C  22. A  23. B

24. C  25. E  26. A  27. E  28. C  29. D  30. A  31. A  32. C  33. C  34. C
35. B  36. D  37. C  38. D  39. B  40. E  41. E  42. D  43. E  44. B  45. A
46. A  47. A  48. E  49. E  50. A  51. D  52. E  53. D  54. C  55. E  56. C
57. E  58. D  59. D  60. E  61. D  62. D

7. 答案：C

解析：脂肪动员是指脂肪组织中储存的甘油三酯在脂肪酶的催化下逐步水解为 FFA 和甘油，释放入血供其他组织氧化利用的过程，故相关的酶是脂肪酶。

18. 答案：C

解析：软脂酸的合成是 1 分子乙酰 CoA 经过 7 分子丙二酰 CoA 经过 7 次加工而成，每次需要 2 分子 NADPH，故一共需要 14 分子 NADPH 和 $H^+$。

30. 答案：A

解析：脂肪酸 β-氧化生成丁酰 CoA(4C)后经脱氢、加水、再脱氢即可生成乙酰乙酰 CoA，而酮体利用过程中乙酰乙酸活化也生成乙酰乙酰 CoA。

35. 答案：B

解析：酮体是肝脏输出脂类能源的一种形式，在糖代谢正常时也可生成，如长期饥饿或糖供应不足。

56. 答案：C

解析：CTP 参与磷脂的合成，活化含氮化合物(X)生成 CDP-X，在卵磷脂合成过程中生成的中间产物是 CDP-胆碱。

58. 答案：D

解析：HDL 将肝外组织的胆固醇转运回肝脏，从而促进外周组织胆固醇的清除，降低组织胆固醇的沉积，故 HDL 具有抗动脉粥样硬化(AS)的作用。

62. 答案：D

解析：血脂包括 TG、PL、Ch、CE 和 FFA，其中 FFA 与清蛋白结合转运，其余的都以血浆脂蛋白的形式转运，血浆脂蛋白是血脂的主要存在与代谢形式。

### 三、填空题

1. VLDL

2. 乙酰 CoA 羧化酶；生物素

3. 三羧酸循环；合成酮体；合成脂肪酸；合成胆固醇

4. 乙酰 CoA；NADPH+$H^+$；糖代谢

5. 卵磷脂；脑磷脂

6. 脱氢；加水；再脱氢；硫解

7. CM；VLDL；LDL；HDL；乳糜微粒；前 β-脂蛋白；β-脂蛋白；α-脂蛋白

8. 乙酰乙酸；β-羟丁酸；丙酮；HMG-CoA 合酶

9. 乙酰 CoA；NADPH＋H$^+$；HMG-CoA 还原酶

10. 胆汁酸；类固醇激素；维生素 $D_3$

11. 琥珀酰 CoA 转硫酶；乙酰乙酸硫激酶

12. 转运外源性 TG；转运内源性 TG；转运肝内胆固醇出肝；逆向转运胆固醇入肝

## 四、简答题

硬脂酸的氧化分为 4 个阶段：

(1) 活化：胞液中脂酰 CoA 催化生成脂酰 CoA。

(2) 转运进入线粒体：硬脂酰 CoA 经肉碱载体转运进入线粒体，其中 CAT I 是脂肪酸 β-氧化的限速酶。

(3) β-氧化：经脱氢、加水、再脱氢和硫解四步循环，硬脂酰 CoA 最终转变成 9 分子乙酰 CoA，另外脱氢反应生成 $FADH_2$ 和 NADH＋H$^+$ 各 8 分子。

(4) 乙酰 CoA 的彻底氧化：乙酰 CoA 经三羧酸循环彻底氧化成二氧化碳和水，并且释放出能量。硬脂酸氧化净生成的能量为：9×12（乙酰 CoA）＋8×2（$FADH_2$）＋8×3（NADH＋H$^+$）－2（合成硬脂酰 CoA 时消耗）＝146ATP。

# 第八章

## 一、名词解释

1. 氮平衡：摄入氮与排除氮之间的相互关系。

2. 必需氨基酸：人体需要而又不能自身合成，必须从食物中摄取的氨基酸。

3. 蛋白质的互补作用：将不同来源的蛋白质混合食用，以增加必需氨基酸的种类和比例，提高蛋白质营养价值的作用。

4. 一碳单位：某些氨基酸分解代谢过程中产生的只含有一个碳原子的有机基团。

## 二、选择题

1. E  2. D  3. A  4. B  5. D  6. A  7. C  8. D  9. B  10. A  11. C  12. D
13. E  14. B  15. D  16. B  17. D  18. D  19. C  20. B  21. A  22. B  23. C
24. A  25. C  26. A  27. B  28. C  29. E  30. C  31. A  32. D  33. E  34. C
35. C  36. C  37. A  38. B  39. C  40. C  41. A  42. E  43. B  44. C  45. E
46. B  47. C  48. B  49. C  50. A  51. C  52. C  53. C  54. D  55. A  56. C
57. B  58. E  59. E  60. C  61. E  62. B  63. B  64. C  65. A  66. A  67. D
68. C  69. B  70. C  71. C  72. C  73. A  74. C  75. B  76. D  77. C  78. A
79. A  80. B  81. A  82. B  83. C  84. B  85. C  86. D  87. B  88. B  89. D
90. C  91. B  92. D  93. D  94. C  95. D  96. C  97. B  98. E  99. A  100. A

15. 答案：D

解析:正常情况下,苯丙氨酸在苯丙氨酸羟化酶的催化下转变为酪氨酸,此反应为不可逆反应,酪氨酸不能转变为苯丙氨酸。

29. 答案:E

解析:鸟氨酸循环是鸟氨酸、瓜氨酸、精氨酸三种氨基酸的循环过程,氨由游离的氨和天冬氨酸提供。

32. 答案:D

解析:转氨基作用只有氨的转移,没有游离氨的生成。

35. 答案:C

解析:鸟氨酸循环是鸟氨酸、瓜氨酸、精氨酸三种氨基酸的循环过程,增加其中的任何一种氨基酸都能促进反应的进行,加快循环过程。

36. 答案:A

解析:S-腺苷蛋氨酸(SAM)是体内甲基的直接供体,其甲基来自氨基酸代谢生成的一碳单位,由四氢叶酸携带交给同型半胱氨酸生成甲硫氨酸,活化后即得 SAM。

40. 答案:C

解析:有扩张血管作用的胺类化合物即组胺,其由组氨酸脱羧后生成。

44. 答案:C

解析:嘌呤的合成需要一碳单位的参与,而 FH4 是一碳单位的载体,其缺乏时一碳单位供应不足,嘌呤核苷酸的合成受到抑制。

55. 答案:A

解析:上消化道出血时,大量血液进入肠道,血浆蛋白质经肠道细菌作用生成大量的氨,而肝硬化患者肝功能严重受损,不能将氨全部转化为尿素,从而导致血氨浓度升高。

62. 答案:B

解析:氨进入脑组织,可与脑中的 α-酮戊二酸经还原氨基化生成谷氨酸,还可进一步与谷氨酸结合生成谷氨酰胺。

70. 答案:C

解析:体内能直接脱去氨基生成游离氨的氨基酸只有谷氨酸(氧化脱氨基作用),故联合脱氨基作用中转氨酶把氨基转移给 α-酮戊二酸生成谷氨酸,从而通过氧化脱氨基作用生成游离的氨。

74. 答案:B

解析:谷氨酸能与游离的氨在谷氨酰胺合成酶的作用下生成谷氨酰胺,可降低血氨浓度,故临床上通过静脉输入谷氨酸钠来治疗高血氨。

75. 答案:B

解析:游离的氨除了在肝脏合成尿素外,还可以在肾小管细胞中与 $H^+$ 结合生成 $NH_4^+$,并以铵盐的形式由尿排出。

87. 答案:A

解析:四氢叶酸携带的甲基只能交给同型半胱氨酸生成甲硫氨酸,活化后生成SAM,通过SAM提供甲基以进行广泛存在的甲基化反应。

91. 答案:B

解析:丙氨酸氨基转移酶(ALT)催化丙氨酸(Ala)和谷氨酸(Glu)之间的氨基转移,相对应的α-酮酸和α-酮戊二酸,不涉及天冬氨酸(Asp)。

92. 答案:D

解析:腐败作用的大多数产物对人体有害,但也可以产生少量脂肪酸及维生素等可被机体利用的物质。

95. 答案:D

解析:糖异生的原料有乳酸、甘油、丙酮酸、生糖氨基酸,亮氨酸属于生酮氨基酸,不能异生为糖。

### 三、填空题

1. 氧化脱氨基;转氨基;联合脱氨基;嘌呤核苷酸循环

2. 磷酸吡哆醛;磷酸吡哆胺;磷酸吡哆醛

3. ALT(GPT);AST(GOT)

4. 氨基酸脱氨;肠道吸收氨;肾产氨;合成尿素;合成非必需氨基酸;合成其他含氮化合物

5. 肝;精氨酸代琥珀酸合成酶;胞液;线粒体

6. 甲基;甲烯基;甲炔基;甲酰基;亚氨甲基

7. 细胞水平的调节;激素水平的调节;整体水平的调节

8. 总氮平衡;正氮平衡;负氮平衡

### 四、简答题

肝功能严重受损时,尿素合成障碍造成氨中毒。游离的氨和大脑中的α-酮戊二酸经还原氨基化生成谷氨酸,进而生成谷氨酰胺。这两步反应需要消耗 $NADH+H^+$ 和 ATP,并且使大脑中的α-酮戊二酸减少,抑制三羧酸循环和氧化磷酸化,大脑供能不足,严重时可产生昏迷。此外,假神经递质生成增多,可取代正常的神经递质儿茶酚胺,影响大脑神经冲动的传递,这可能是引发肝性脑病的另一种生化机制。

# 第九章

### 一、选择题

1. C  2. C  3. D  4. A  5. B  6. D  7. C  8. D  9. B  10. A  11. C  12. A  13. E  14. B  15. C  16. A  17. D  18. B  19. C  20. C  21. C

4. 答案：A

解析：嘌呤碱的C6位于环的正上方，其碳原子来源于$CO_2$，即"头顶二氧化碳"。

10. 答案：A

解析：Lesch-Nyhan综合征即自毁容貌症，是由于先天基因缺陷导致次黄嘌呤-鸟嘌呤磷酸核糖转移酶（HGPRT）缺失所引起的一种遗传代谢性疾病。

二、填空题

1. 从头合成；补救合成

2. AMP；GMP

3. 核苷二磷酸

4. 尿酸；痛风

# 第十章

一、名词解释

1. 半保留复制：子代细胞的DNA，一股单链从亲代完整地接受过来，另一股单链则完全重新合成，这种复制方式称为半保留复制。

2. 半不连续复制：领头链连续复制而随从链不连续复制，称为半不连续复制。

二、选择题

1. C  2. A  3. A  4. C  5. E  6. B  7. A  8. E  9. B  10. B  11. B  12. D  13. D  14. B  15. C  16. B  17. D  18. D  19. C  20. C

5. 答案：E

解析：拓扑异构酶分为Ⅰ型和Ⅱ型，拓扑酶Ⅰ不消耗ATP，切断DNA双链中的一股链，使DNA解链旋转不致打结，适当的时候又把切口封闭，使DNA变为松弛状态；拓扑酶Ⅱ不能切断DNA双链，需要ATP供能。

14. 答案：B

解析：DNA损伤部位被识破后，核酸内切酶切断损伤链，DNA聚合酶Ⅰ兼有核酸外切酶的活性，其按$5'→3'$的方向切除损伤链后使DNA链$3'$端延伸以填补空缺，最终由DNA连接酶将链连上。

三、填空题

1. A-T；G-C；复制

2. 起始；延长；终止

3. 领头链；随从链

4. $5'\to 3'$

5. 冈崎片段

6. $5'$-GCATATGG-$3'$

7. DNA；dATP；dCTP；dGTP；dTTP

## 第十一章

一、名词解释

1. 转录：生物体以 DNA 为模板合成 RNA 的过程。

2. 反转录：以 RNA 为模板合成 DNA 的过程。

二、选择题

1. D  2. B  3. E  4. D  5. B  6. E  7. B  8. E  9. D  10. C  11. C  12. B
13. D  14. C  15. D  16. E  17. D  18. D  19. B  20. A  21. C  22. D  23. E
24. E  25. C  26. C  27. D  28. E  29. D  30. C  31. D  32. C  33. D

13. 答案：D

解析：原核生物没有真正的细胞核，转录和翻译也没有严格的时空顺序，mRNA 转录尚未完成时便开始了蛋白质翻译过程。

23. 答案：E

解析：mRNA 的 $5'$端有甲基化的鸟苷酸帽子（$m^7$GpppN-）。

29. 答案：D

解析：反转录酶首先以 RNA 为模板合成 DNA，然后水解掉 RNA 链，再以新合成的 DNA 单链为模板合成互补的 DNA 链，形成 DNA 双链即可整合到宿主细胞的双链 DNA 中。

三、填空题

1. $\sigma$ 亚基；核心酶

2. $3'\to 5'$；$5'\to 3'$

3. 模板链；编码链

4. 起始；延长；终止

5. $5'$-UACAUG-$3'$

6. $5'$-TACTGT-$3'$

7. 帽子（$m^7$GpppN-）；多聚 A（polyA）

8. RNA；反转录；DNA

## 第十二章

一、名词解释

1. 翻译:是指以 mRNA 为模板合成蛋白质的过程。

2. 分子病:由于基因突变,蛋白质一级结构改变所导致的疾病。

二、选择题

1. B  2. A  3. D  4. D  5. C  6. C  7. C  8. C  9. A  10. C  11. D  12. C
13. D  14. B  15. B  16. C  17. C  18. D  19. D  20. A  21. C  22. B  23. A
24. E  25. C  26. D  27. B  28. D  29. B  30. A  31. C  32. D  33. B  34. C
35. B

3. 答案:D

解析:翻译是将 DNA 所携带的遗传信息通过 mRNA 转变成蛋白质一级结构中氨基酸的排列顺序,故氨基酸的排列顺序由 mRNA 中的密码子决定,最终由 DNA 的碱基序列决定。

14. 答案:B

解析:三联体密码一共有 64 个,除了 3 个终止密码子外都是编码氨基酸,故生物体编码 20 种氨基酸的密码子数目为 61 个。

35. 答案:B

解析:镰刀形红细胞贫血症是由于血红蛋白 β 链 N 端第 6 位亲水的谷氨酸被疏水的缬氨酸取代,使原来水溶性的血红蛋白聚集成丝,相互黏着,附着在红细胞膜上,导致红细胞变形成镰刀状,极易破裂产生溶血性贫血。

二、填空题

1. 氨基酰-tRNA 合成酶;ATP

2. 进位;成肽;转位

3. $5'→3'$;N→C

4. 连续性;简并性;方向性;摆动性;通用性

5. mRNA;tRNA;核糖体

6. 起始;延长;终止

7. 64;61;3;AUG;甲硫氨酸

## 第十三章

一、名词解释

1. 基因表达:是基因转录及翻译的过程,即遗传信息由 DNA→RNA→蛋白质的传递过程。

2. 癌基因：指能在体外引起细胞转化，在体内诱发肿瘤的基因。

3. 抑癌基因：是一类能抑制细胞过度生长、增殖从而遏制肿瘤形成的基因。

二、选择题

1. A　2. A　3. B　4. B　5. B　6. D　7. C　8. B　9. B　10. E　11. C　12. D
13. C　14. A　15. B　16. D　17. E　18. A　19. D　20. A

1. 答案：A

解析：编码 rRNA、tRNA 基因的转录也属于基因表达，故基因表达的过程不一定包含翻译过程。

2. 答案：A

解析：在某一特定时期，生物基因组中含有的基因只有少数处于转录激活状态（约 5%），其余大多数则处于静息状态。

17. 答案：E

解析：癌基因（onc）是指能在体外引起细胞转化，在体内诱发肿瘤的基因；与细胞增殖正调控有关，具有潜在致癌能力。

# 第十四章

一、名词解释

1. 受体：是指能够识别和结合信号分子并触发靶细胞产生特异效应的一类特殊蛋白质分子。

2. 信号分子：是指由特定的信号源产生的，可以通过扩散或体液转运等方式进行传递，作用于靶细胞并产生特异应答的一类化学物质。

3. 细胞信号转导：是指特定的化学信号在靶细胞内的传递过程。

二、选择题

1. C　2. B　3. B　4. D　5. C　6. D　7. B　8. B　9. E　10. C　11. E　12. B
13. C　14. B　15. C

4. 答案：D；

解析：生长因子和细胞因子都是由普通细胞合成并分泌的化学信号分子，均为多肽或蛋白质。其中生长因子通常只作用于邻近的靶细胞，调节靶细胞的增殖与分化。而细胞因子与机体的防御介质有关，主要介导和调节免疫功能，并刺激造血。

10. 答案：C

解析：第一信使通常指的是在细胞外传递特异信号的信号分子，如类固醇激素;在细胞内传递特异信号的小分子物质,如 cAMP、$Ca^{2+}$、DAG、$IP_3$ 等为第二信使。

12. 答案:B

解析:信号分子与膜受体结合后,通过 G 蛋白激活细胞膜上的腺苷酸环化酶(AG),生成第二信使 cAMP,通过细胞内 cAMP 浓度的改变来进行信号转导。

### 三、填空题

1. 离子通道受体;G 蛋白偶联受体;单跨膜受体
2. 内分泌信号传递;旁分泌信号传递;自分泌信号受体
3. 高度的亲和力;高度的专一性;可逆性;可饱和性;特定的作用模式
4. 激素;神经递质;生长因子;细胞因子;无机物

## 第十五章

### 一、名词解释

1. 生物转化:非营养物质经过氧化、还原、水解和结合反应,使其毒性降低、水溶性和极性增加或活性改变,易于排出体外的过程。
2. 胆色素:是体内铁卟啉类化合物的主要分解代谢产物,包括胆绿素、胆红素、胆素原和胆素。
3. 黄疸:当血浆中胆红素的浓度超过 34.2 $\mu mol/L$(2 mg/dL)时,可扩散进入组织引起皮肤、黏膜、巩膜黄染的现象称为黄疸。

### 二、选择题

1. C  2. D  3. E  4. C  5. B  6. B  7. D  8. E  9. B  10. D  11. E  12. D
13. B  14. B  15. D  16. B  17. E  18. B  19. D  20. A  21. D  22. D  23. A
24. D  25. D  26. C  27. D  28. B  29. D  30. E  31. B  32. D  33. E  34. A
35. B  36. C  37. C  38. C  39. D  40. D  41. B  42. C  43. B  44. D  45. A
46. D  47. E  48. A  49. D  50. C  51. D  52. C  53. B  54. C  55. C  56. A
57. D

2. 答案:D

解析:肝脏不合成消化酶类,分泌的胆汁酸是脂类物质和脂溶性维生素消化吸收所必需,体内的消化酶类主要由胰腺分泌。

9. 答案:B

解析:雌激素可在肝内与葡萄糖醛酸或活性硫酸等结合失去活性,严重肝病时,雌激素水平升高。可出现男性乳房女性化、蜘蛛痣、肝掌等现象。

11. 答案:E

解析:生物转化包括两相反应,第一相反应包括氧化、还原、水解反应;第二相反应称为结合反应。

22. 答案:D

    解析:参与血红蛋白组成的血红素主要在骨髓的幼红细胞和网织红细胞中合成,成熟的红细胞因不含线粒体,所以不能合成血红素。

24. 答案:D

    解析:清蛋白为单纯蛋白质,不含非蛋白部分;血红蛋白、肌红蛋白、细胞色素和过氧化物酶都含有血红素辅基。

27. 答案:D

    解析:游离胆红素被转运到肝细胞后,在内质网的胆红素-尿苷二磷酸葡萄糖醛酸基转移酶(UGT)的催化下,接受 UDPGA 提供的葡萄糖醛酸基,生成葡萄糖醛酸胆红素,又称结合胆红素。

36. 答案:C

    解析:临床上利用苯巴比妥可诱导肝微粒体 UDP-葡萄糖醛酸转移酶的合成,加速游离胆红素转变为结合胆红素,从而降低未结合胆红素的浓度,治疗新生儿高胆红素血症。

48. 答案:A

    解析:阻塞性黄疸的特征是血清结合胆红素浓度升高,未结合胆红素无明显变化,故与重氮试剂直接反应呈阳性,间接反应呈阴性。

53. 答案:B

    解析:清蛋白的主要功能是转运和结合蛋白,调节渗透压,能与激素、氨基酸、类固醇、维生素、脂肪酸、胆红素等结合;$NH_3$主要通过谷氨酰胺的形式在体内运输。

57. 答案:D

    解析:结合胆红素随胆汁排入肠道后,在肠道细菌作用下还原成胆素原,大部分胆素原随粪便排出体外,在肠道下段与空气接触,被氧化成胆素。

### 三、填空题

1. 氧化;还原;水解;结合;葡萄糖醛酸
2. 胆绿素;胆红素;胆素原;胆素;胆素原
3. 血红蛋白;未结合;间接;结合;直接
4. 溶血性黄疸;肝细胞性黄疸;阻塞性黄疸

# 参考文献

[1]李宜川,罗永富.生物化学实验教程[M].西安:世界图书出版公司,2010.

[2]陈钧辉.生物化学实验(3版)[M].北京:科学出版社,2003.

[3]叶应妩,王毓三,申子瑜.全国临床检验操作教程(3版)[M].南京:东南大学出版社,2006.

[4]章正瑛.生物化学实验指导[M].上海:第二军医大学出版社,2008.

[5]冯仁丰.实用医学检验学[M].上海:上海科学技术出版社,1996.

[6]钱万英,余嗣明.基础生化实验指导[M].合肥:安徽大学出版社,1997.

[7]潘文干.生物化学(6版)[M].北京:人民卫生出版社,2010.

[8]黄川锋,李红.生物化学基础[M].北京:军事医学科学出版社,2013.

[9]潘文干.生物化学学习指导及习题集[M].北京:人民卫生出版社,2010.

[10]姜立.生物化学学习指导[M].北京:军事医学科学出版社,2005.

[11]章敬旗.生物化学学习指导与实验教程[M].合肥:安徽大学出版社,2011.

[12]查锡良.生物化学(7版)[M].北京:人民卫生出版社,2008.

[13]廖淑梅.生物化学应试指南[M].北京:人民军医出版社,2006.

[14]段于峰,李玉白.生物化学[M].西安:世界图书出版公司,2010.